硅谷工程师爸爸的超强数学思维课
建立孩子的几何思维

憨爸 胡斌 叶展行 著

人民邮电出版社
北京

图书在版编目（CIP）数据

硅谷工程师爸爸的超强数学思维课. 建立孩子的几何思维 / 憨爸, 胡斌, 叶展行著. -- 北京：人民邮电出版社，2019.6（2020.2重印）
ISBN 978-7-115-51056-3

Ⅰ. ①硅… Ⅱ. ①憨… ②胡… ③叶… Ⅲ. ①数学－儿童读物②儿童教育－家庭教育 Ⅳ. ①O1-49②G78

中国版本图书馆CIP数据核字(2019)第098024号

内 容 提 要

如何开发孩子的数学思维？如何让孩子把数学与生活结合起来，学会用数学解决生活中的难题？这些都是本书想要解决的问题。

本书的目的是训练孩子的几何思维，一共有5章，每章深入讲解一个数学知识点，涵盖少儿阶段应掌握的形状、图形规律、对称与旋转、分割与组合、空间思维等基本数学概念。

同时，这也是一本亲子共读书，能让父母深入、系统地了解应该辅导孩子哪些知识点，并且提供了很多实操的案例供孩子学习。

再者，这是一本围绕实际问题的解决而写的思维书，将数学知识点和 STEAM（Science, Technology, Engineering, Art & Math）教育相关的项目结合起来，教孩子用数学解决生活中的问题，从而达到训练数学思维的目的。.

本书由北京景山学校数学教师王宁参与审校，特此感谢。

- ◆ 著　　　　憨 爸　胡 斌　叶展行
  责任编辑　宁 茜
  责任印制　彭志环
- ◆ 人民邮电出版社出版发行　北京市丰台区成寿寺路11号
  邮编　100164　电子邮件　315@ptpress.com.cn
  网址　http://www.ptpress.com.cn
  北京东方宝隆印刷有限公司印刷
- ◆ 开本：787×1092　1/16
  印张：9.25　　　　　　　2019年6月第1版
  字数：150千字　　　　　2020年2月北京第7次印刷

定价：59.00元

读者服务热线：(010)81055493　印装质量热线：(010)81055316
反盗版热线：(010)81055315
广告经营许可证：京东工商广登字20170147号

序言

几何是孩子从小就需要培养的思维，它是数学一个重要的分支。从孩子1~2岁起，一直到高中，几何始终在数学学习中扮演着非常重要的角色。

虽然同属于数学的范畴，但学习几何和其他的数学分支有很大的不同。人的大脑专门有一个单元处理视觉空间方面的信息。

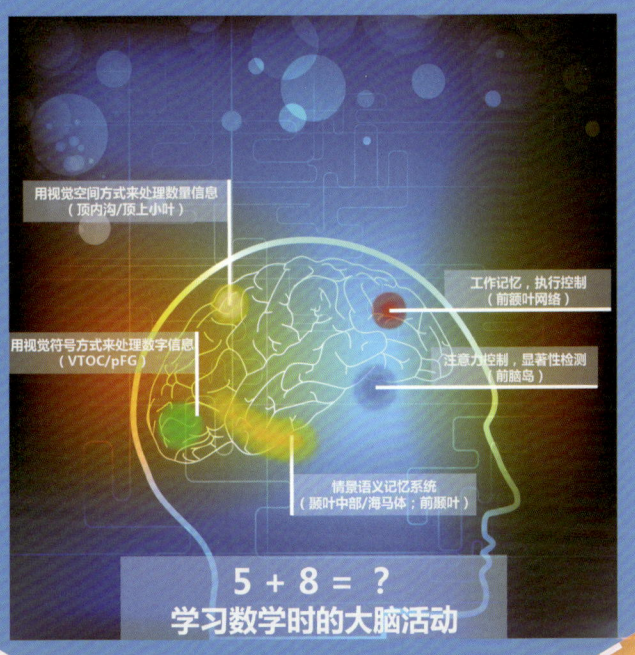

上面这张图出自美国斯坦福大学的研究报告，其中人脑的绿色、黄色部分负责处理视觉、空间方面信息，而孩子的几何成绩很可能取决于这部分大脑的开发程度。

学习几何有一条很清晰的主线，从形状的认知开始，到学习平面几何、立体几何，所有的知识点都是一脉相承的。如果前面学习几何的基础没有打好，后面就会越学越艰难。

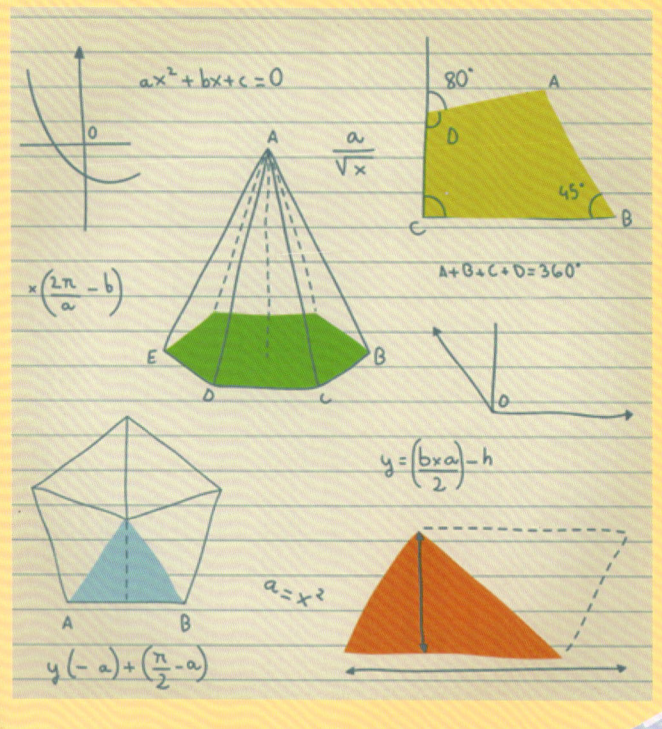

　　上图所示为高等数学里面的几何内容，有立体几何、平面几何、方程和抛物线。别看这些图形都很复杂，其实它们都是基于最原始的几何思维，比如图形旋转、图形分割、图形组合、空间想象，等等。只有当孩子将这些几何思维的基础知识学扎实了，后面学习高深内容才会更加容易！

　　在这本书里，我将为家长们介绍如何建立孩子的几何思维。在图书形式方面，根据我辅导孩子的经验，如果纯粹拿一本数学书让孩子"刷题"，对于孩子来说要么他们不感兴趣，要么就是书里的精华没法完全吸收。而如果做成纯粹给父母看的家教书，父母又会缺少实操的案例。因此，我们将这本书设计为亲子共读类型的图书，里面每章都包含了父母阅读、父母带着孩子一起学习以及孩子单独训练这三种阅读模式。

每章会详细分为以下五个版块。

一、家长必读

这个版块介绍本章的知识点，专门给家长阅读。在读完本版块后，父母就能了解在这一章中，应该注意辅导孩子哪些知识点。

二、知识点学习

这个版块是给父母和孩子共读的，里面会讲解本章的知识点，并提供案例，这也是知识点的基本概念部分。

三、思维能力培养

这个版块是给孩子单独阅读的训练，难度比前面版块高一些，孩子必须充分理解了前面版块的知识点后，才能在这个板块中将题目给解答出来。

四、STEAM天地

这个版块是全书的精华所在。我们将从一个和STEAM*相关的项目开始，将数学知识点融入STEAM当中。孩子会利用这一版块的知识点尝试解决生活中的问题，涉及历史、艺术、科学、工程等领域，一定会让孩子大开眼界的。

五、学习检查表

这是每章的最后一个版块，孩子每完成一项学习内容时，就在相应的地方打个钩，方便父母追踪孩子的完成情况。

此外，书中有些题目会出现★的标志，这个标志表示题目偏难，★越多则表示难度越高。

---

* STEAM 是 Science（科学）、Technology（技术）、Engineering（工程）、Art（艺术）和 Math（数学）的统称。

看完整本书后,您会发现,看起来貌不惊人的一个小小的数学知识点,原来背后还包含着丰富的数学思维内容。而且,数学的知识点像树形结构,一个知识点掌握的程度可能会影响孩子对未来其他数学知识点甚至别的学科知识点的学习。因此,请家长和孩子好好阅读下去,孩子的数学思维能力一定会得到显著的提高!

　　同时,我还设计了一本《数学游戏练习册》。这本小册子会用涂色的形式,教孩子熟悉数学计算,非常有趣。不过,孩子做练习时一定要很谨慎才行,因为只要算错一个数字,整个涂色的效果就大相径庭了!

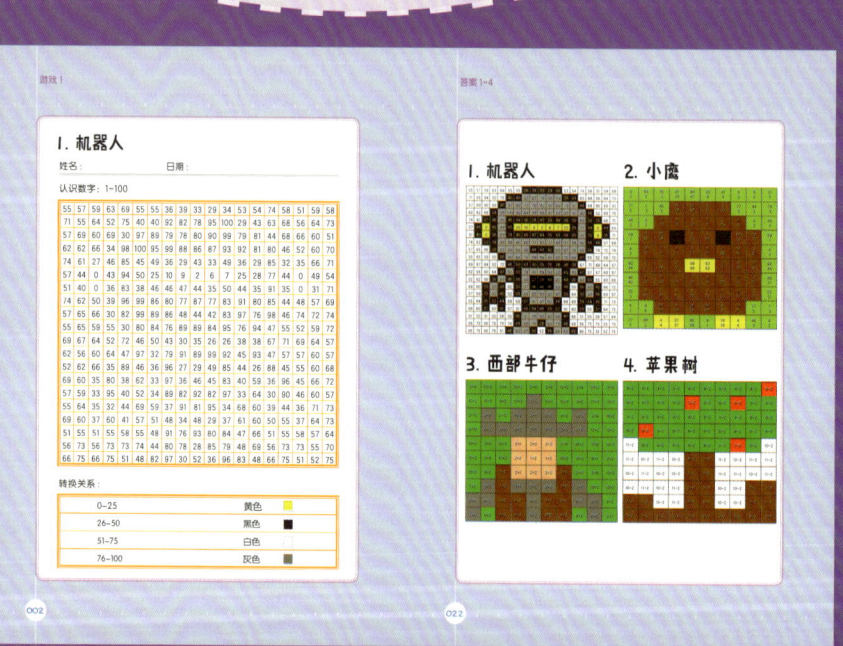

这个手册目前不销售，仅做成电子版供读者下载。您可以关注我的微信公众号"憨爸在美国"，然后在公众号内回复"数学思维"，就能获得这个手册电子版的下载链接了！

——憨爸

目录

第 1 章 形状 001

第 2 章 图形规律 033

第 3 章 对称与旋转 053

第 4 章 分割与组合 079

第 5 章 空间思维 103

答案 125

参考资料 138

一、家长必读

形状是数学中几何学最基础的知识点，只有当孩子掌握了形状，后续学习平面几何、立体几何才会更加轻松。

学习形状有 3 个基本的步骤。

1. 认识形状

在这个步骤里，孩子首先需要了解基本的几种形状，然后能在复杂的图片中找出相应的形状。

2. 创作形状

在这个步骤里，孩子需要学会创作形状——可以是画画，也可以是拼搭。无论哪种创作形式，它们的本质都是一样的，都需要孩子理解形状的基本特征，并利用特征去创作。

3. 形状在生活中的应用

这个步骤其实就是将图形与生活相结合。数学来源于生活，而数学也能很好地服务于生活。就拿工程学来说，不同的形状，在工程学里所起到的作用是不一样的，有的地方会用三角形，有的地方会用圆形。因此，让孩子了解形状的特性，将形状应用于生活当中，才是学习图形的最高境界。

二、知识点学习

我们在生活中可以看到各种各样的形状。

小朋友们喜欢吃的棒棒糖、挂在墙上的钟表、美味的比萨饼，它们都是圆形的。

圆形的特点是从圆心到圆上各点的距离都相等。

我们平日里吃的鸡蛋、夏天吃的西瓜，都是椭圆形的。

椭圆形的特点是像一个被压扁的圆形。

墙上的开关插座面板、象棋的棋盘，它们是正方形的。

正方形的特点是有四条边，而且四条边的长度都完全相同，四个角都是直角。

第 1 章 形状

电脑显示器、直尺和信封，它们都是长方形的。

长方形像是被拉长的正方形，它的特点是四条边分为两条长边和两条短边，而且长边与短边的长度并不相等。

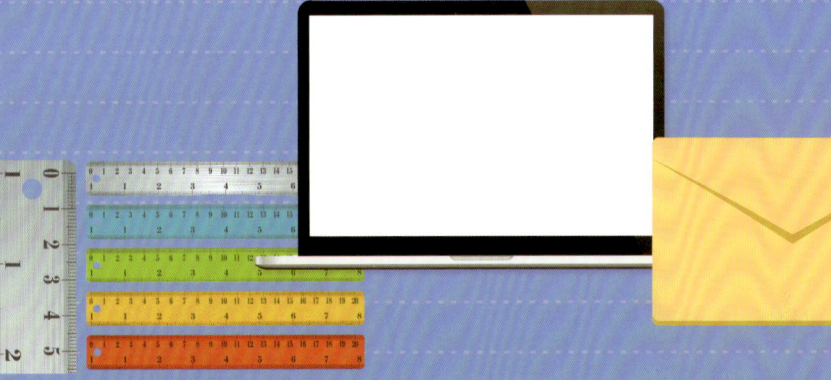

扑克牌中的"方块"是菱形的。

菱形像是被沿着两个对角拉伸的正方形，虽然它的四角不再是直角，但是四条边的长度仍然是相同的。

（特别提示：正方形既是一种特殊的长方形，也是一种特殊的菱形。）

上窄下宽类型的梯子的形状是梯形的。

梯形的特点是一共有四条边,虽然上下两条边平行,但是下面一条边的长度比上面一条边要长。

警示牌是三角形的。
三角形的特点是只有三条边。

第 1 章 形状

钢桥上有很多三角形的结构，它们帮助桥梁变得更稳固。

五角大楼是美国国防部的办公大楼，它就是五边形的。顾名思义，五边形由五条边组成。

传统足球的表面是由 12 个五边形和 20 个六边形拼成的。

说到六边形,让我们再看看蜂巢。蜂巢是蜜蜂家园必要的"家具"和"食品室",它们是由一个个六边形组成的,而六边形就是拥有六条边的图形。

前面所讲的形状,都是平面图形(二维),生活中还有立体图形(三维)。

玩游戏用的骰子是立方体(这里忽略大多骰子的 8 个角不是直角的问题)。

建造房屋用的砖块是长方体。

硅谷工程师爸爸的超强数学思维课：建立孩子的几何思维

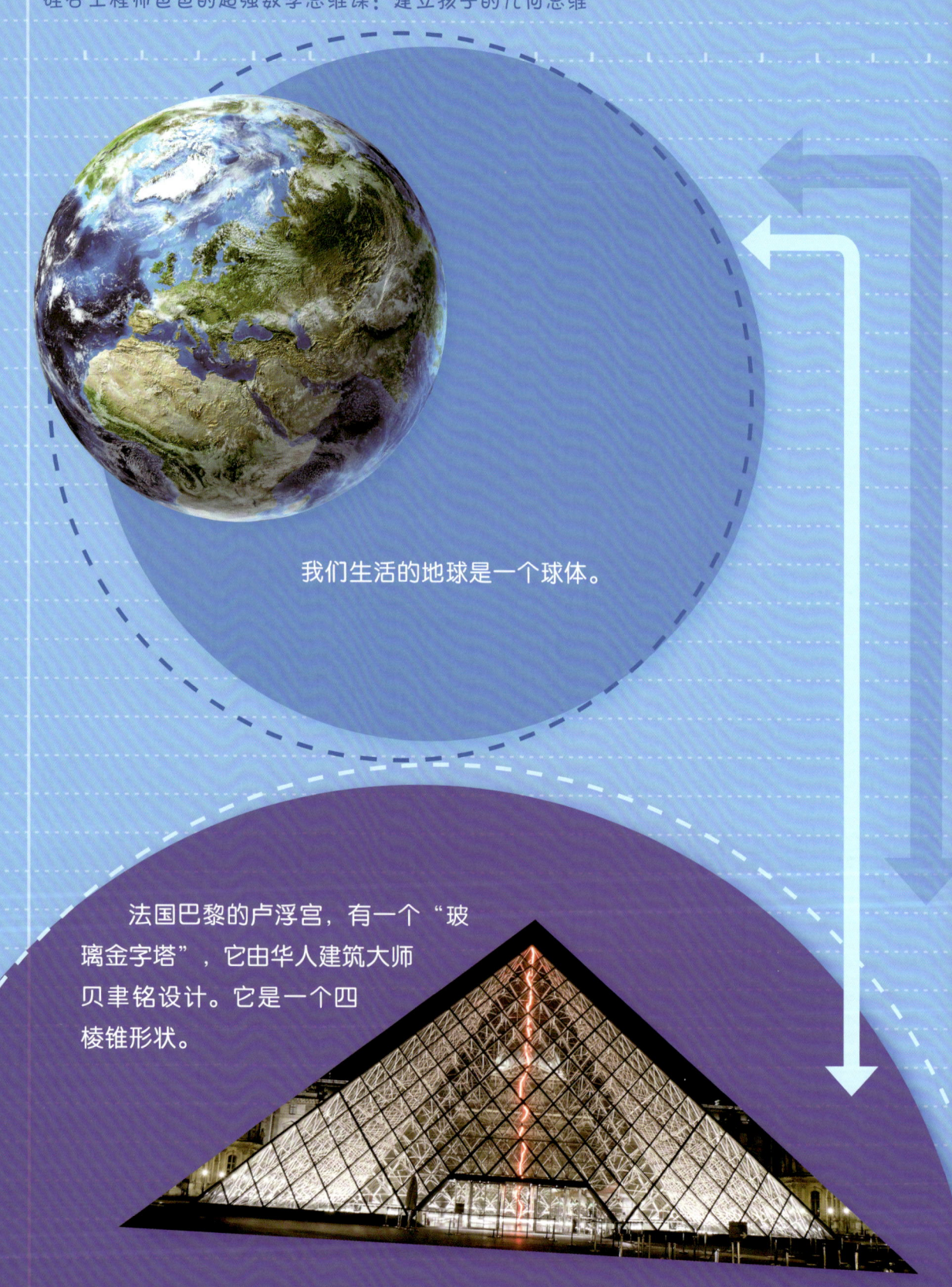

我们生活的地球是一个球体。

法国巴黎的卢浮宫，有一个"玻璃金字塔"，它由华人建筑大师贝聿铭设计。它是一个四棱锥形状。

第 1 章 形状

在马路维修时，工人通常会放上锥形交通路标，以提醒路过的行人和车辆绕行。这种交通路标是圆锥体（不含底座）。

小朋友们爱吃的甜筒冰激凌，它的蛋卷部分也是圆锥体。

小朋友的电动玩具车经常会用到电池。有很多电池是圆柱体（不含顶部触点）。

很多喝水的杯子轮廓也是圆柱体。

 **想一想**

生活中还有哪些形状的物体？
平面形状和立体形状有什么不同？

三、思维能力培养

1. 看看下面的图片，你能在里面找出几种形状呢？请你至少找出 5 种哟！

2. 给你一个图钉、一段细线、一支铅笔，如何画出一个圆形呢？试试看！

3. 基于上面画的圆形，你可以创造出好多别的形状。比如，在圆上随便画3个点，然后将3个点连起来，就是一个三角形。

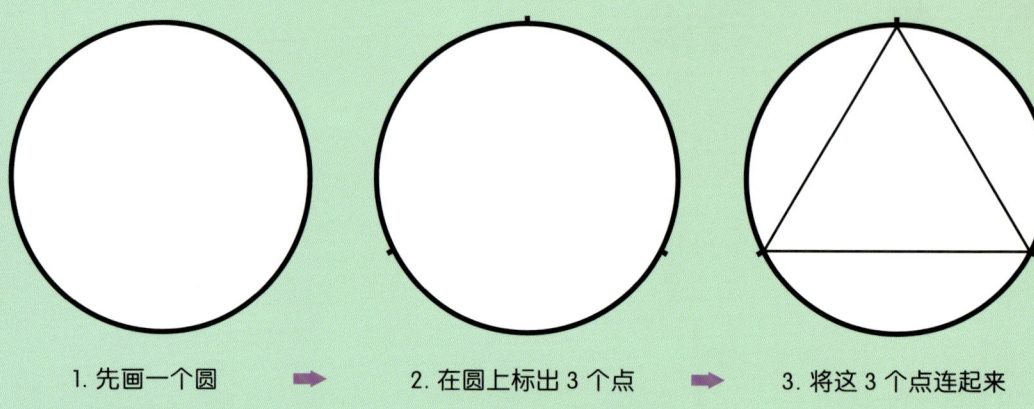

1. 先画一个圆　　　2. 在圆上标出3个点　　　3. 将这3个点连起来

如果圆上画7个点，你能创造出什么形状呢？试试看！

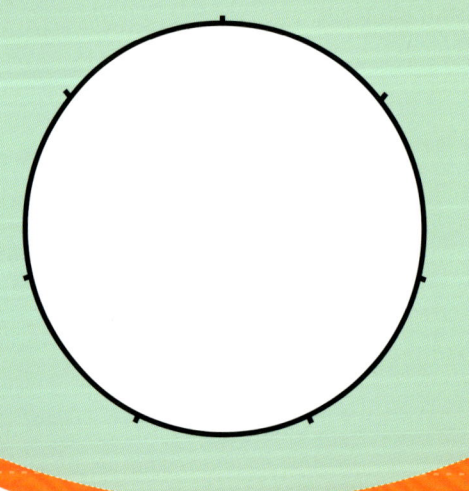

第 1 章 形状

4. 如果要画一个八边形,给你一个圆,你该怎样创作呢?

★5. 如果要画一个长方形,给你一个圆,你该怎样创作呢?

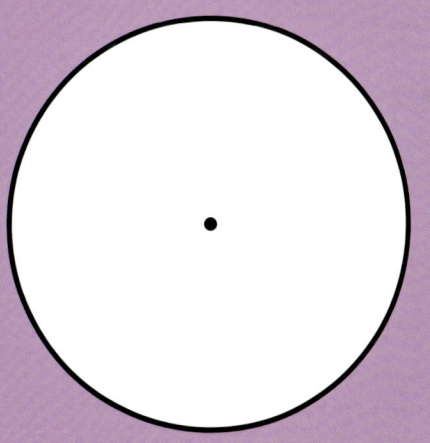

★★6. 给你一个图钉、一段细线、一支铅笔、一把尺子，你能画出一个六边形，而且六边形的六条边长度都相等吗？试试看吧！

★7. 用8根牙签和一些橡皮泥（连接固定用），首尾相接，中间不交叉，你可以组成任意形状（平面或立体）。材料可以不全部使用，动手试试看，最多可以有多少种形状？

★8. 用6根牙签，首尾相接，中间不交叉，你一次最多可以组成多少个三角形？动手试试看。

四、STEAM 天地

背景介绍

圆柱是古代建筑中最常见的结构,它可以与横梁一起,撑起屋顶的重量。比如,希腊雅典的帕特农神庙,有半个足球场那么大,它是由46根高达34英尺(1英尺为30.48厘米)的大理石圆柱撑起的。

希腊雅典卫城帕特农神庙

第 1 章 形状

除了建筑，在动物身上，也能看到圆柱的结构。大象和恐龙的腿都是圆柱体，它们能承受巨大的重量。

其实柱体的形状很多，圆柱体只是其中一种，它是柱状结构中使用最广泛的形状之一。这是因为圆柱体具有圆形横截面，使得柱子外边界与中心保持一致的距离，因此柱子任何一侧的受力都很均匀，不会有哪一边受力比其他边更弱从而导致弯曲。

柱体的长度、宽度等因素对稳定性也有影响，有些柱体比其他柱体更为稳定，比如较短、较厚的柱子比细长的柱子会稳定得多。

训练目标

用圆柱体、长方体、三棱柱来做承重实验,验证柱体的承重能力。

制作材料

A4 纸若干张;
硬纸板一张;
双面胶或订书机;
若干重量相等的书本。

第 1 章 形状

设计过程
1. 制作 3 种柱体
取 A4 纸 2 张,分别对折再对折。

将 2 张 A4 纸按照折痕裁成 8 张一样大的长方形纸条，取其中 6 张。请你按照下面步骤，做成 6 个高度一样、截面形状不同的柱体。

（1）其中 2 张沿着长边卷成圆筒形状，用双面胶粘好，或用订书机钉起来，做成圆柱体。

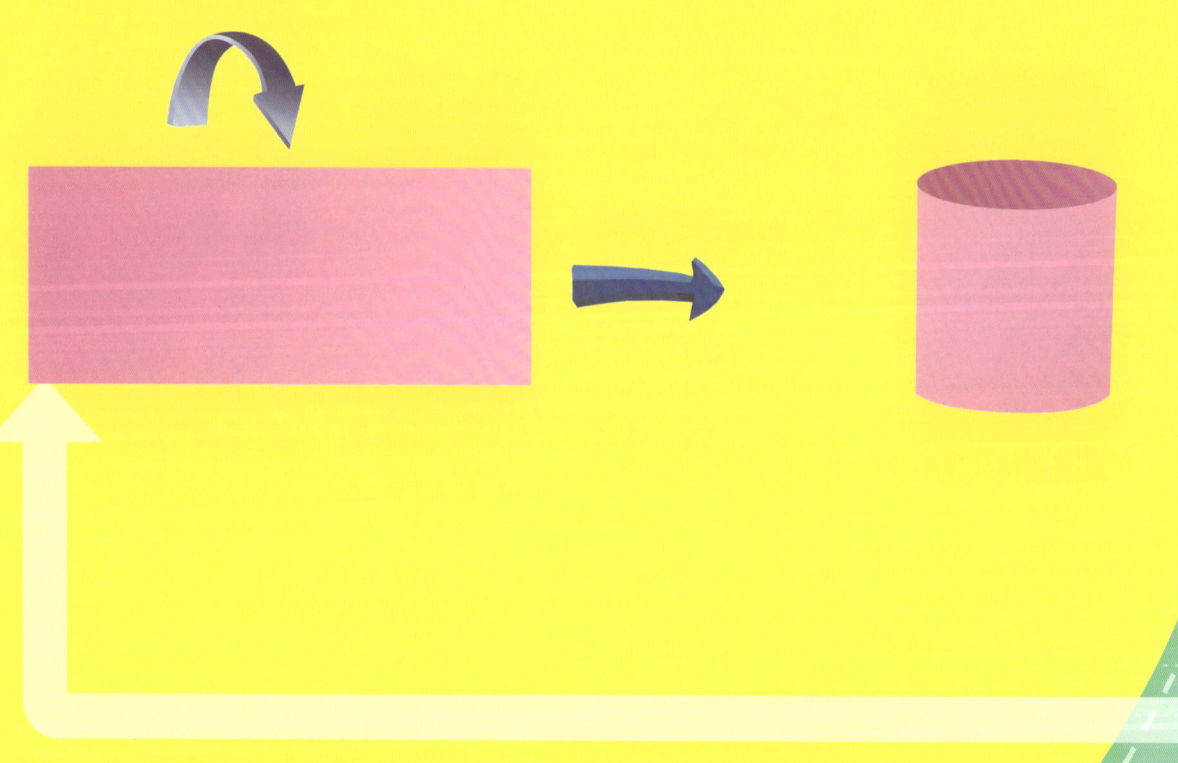

（2）其中2张沿着长边折成正方形（从上面看），用双面胶粘好，或用订书机钉起来，做成长方体。

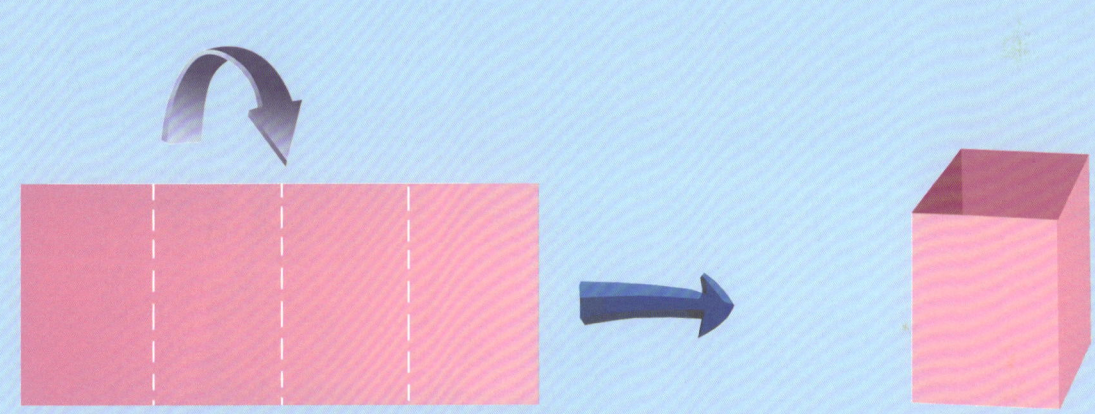

（3）其中2张沿着长边折成三角形（从上面看），用双面胶粘好，或用订书机钉起来，做成三棱柱。

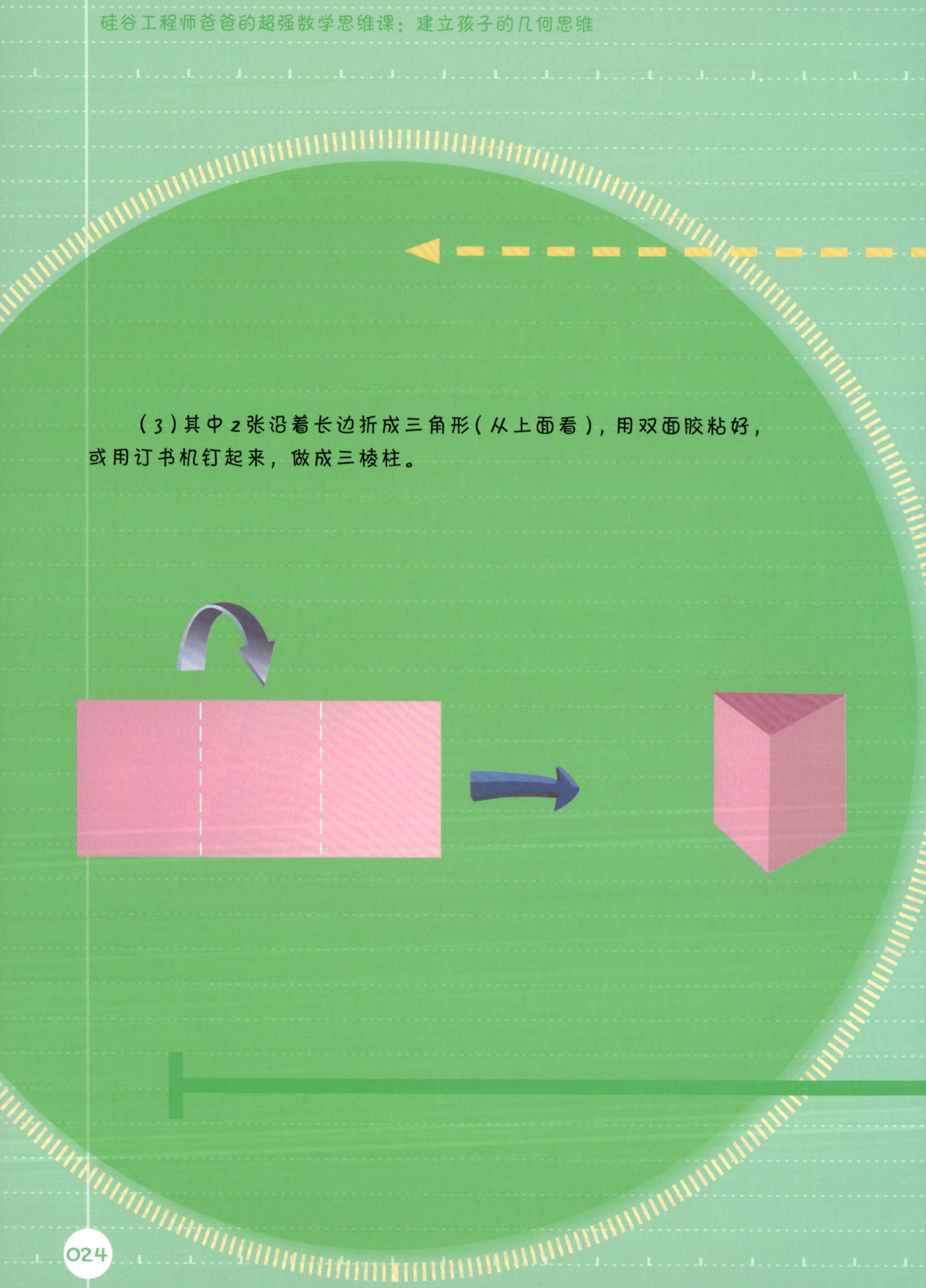

2. 预测承重能力

将做好的柱体（圆柱体、长方体、三棱柱）立在桌面上，柱体上面放上硬纸板和书本。猜一猜，哪一种柱体能承受的书本最多？

预测可承受书本最多的是：_____。

预测可承受书本最少的是：_____。

3. 柱体的承重实验

将做好的柱体（圆柱体、长方体、三棱柱）立在桌面上，来测试每种柱体的承重能力。

圆柱体的承重：将1个圆柱体立在桌面上，将硬纸板置于上面，然后在硬纸板上放置书本，看看放几本书，圆柱体会塌下来。

长方体的承重：将1个长方体立在桌面上，将硬纸板置于上面，然后在硬纸板上放置书本，看看放几本书，长方体会塌下来。

三棱柱的承重：将1个三棱柱立在桌面上，将硬纸板置于上面，然后在硬纸板上放置书本，看看放几本书，三棱柱会塌下来。

在下面的表格中，记录每种柱体最多能承受的书本数量。

柱体	最多能承受的书本数量
圆柱体	
长方体	
三棱柱	

请按照承重能力从小到大的顺序，排列几种柱体：

_____　_____　_____

4. 圆柱体的承重实验

再做一个圆柱形,长度是上文用到的圆柱体的两倍。取一张 A4 纸,对折后剪开。

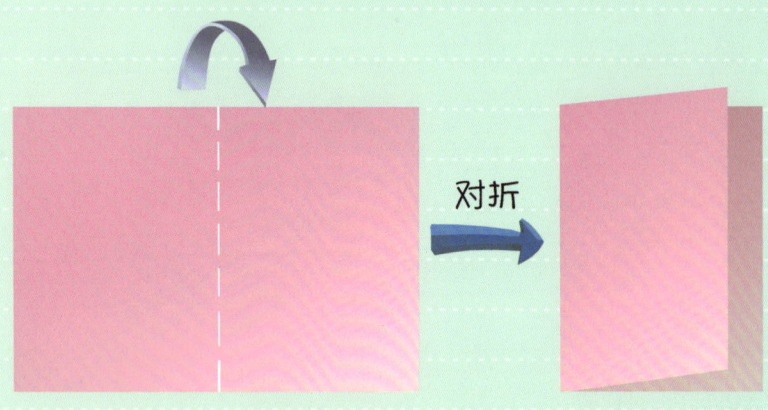

取剪开后的其中一张,沿着长边卷成圆筒形状,用双面胶粘好,或用订书机钉起来,做成圆柱体。

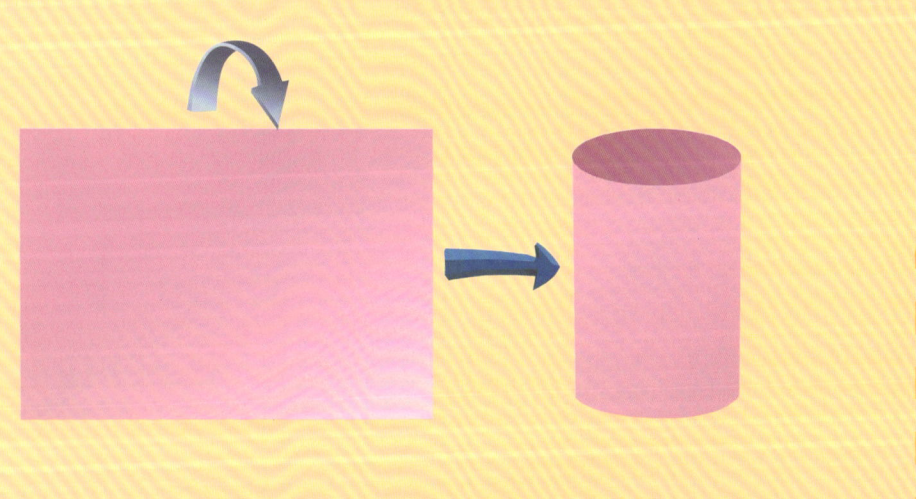

我们用这个新制作的圆柱体做承重实验。请你先来猜一猜,这个圆柱体与前面的圆柱体,哪一个能承受的书本数量多?

长的圆柱体 _____ 短的圆柱体 _____

下面开始动手做实验，并观察实验结果。
我们将实验结果记录下来。

柱体	最多能承受的书本数量
短的圆柱体	
长的圆柱体	

比一比，哪种圆柱体能承受的书本数量多？

通过这个实验，你能理解为什么很多建筑都是用圆柱体了吧？！

五、学习检查表

年龄		检查时间	
知识点学习	知识点	是否理解	
	a. 认识常见的平面形状		
	b. 认识常见的立体形状		
思维能力培养	找出生活场景中的形状，掌握圆形及多边形的画法、牙签（或火柴棒）形状拼接	8分：7~8题正确 6分：5~6题正确 4分：3~4题正确 1分：1~2题正确 0分：均错误	
STEAM 天地	根据指引制作出相应的形状（圆柱体、长方体、三棱柱，对应第1题）	4分：完成3个形状的制作 3分：完成2个形状的制作 2分：完成1个形状的制作 0分：不能完成任何1种形状的制作	
	预测不同形状的承重能力（对应第2题）	4分：可自行填写预测结果，并能说出自己的思路（无论对错） 0分：不理解，不能正确填写	

STEAM 天地	柱体的承重实验（圆柱体、长方体、三棱柱，对应第3题）	4分：完成3个形状的承重实验，并能记录下实验结果 3分：完成2个形状的承重实验，并能记录下实验结果 2分：完成1个形状的承重实验，并能记录下实验结果 0分：不能完成任何一种形状的承重实验
	长、短圆柱体的承重实验（对应第4题）	4分：完成长圆柱体形状的制作，并完成承重实验，记录及比较实验结果 0分：不能完成制作和实验
总分	（　）/24分	

第 2 章
图形规律

一、家长必读

规律是数学里一个重要的概念，规律包含图形规律和数字规律两种形式。对于图形规律来说，它通过图形的不断变换来揭示出内在的规律。

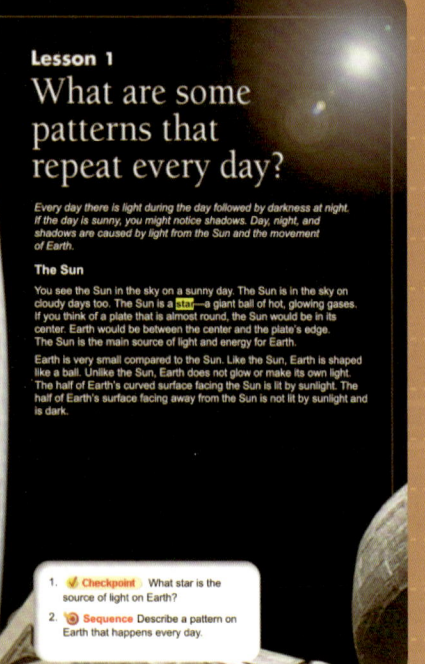

掌握图形规律是孩子的一个基本能力，这对孩子未来的学习很重要，它需要孩子能从图形中发掘事物的规律，从而加深对数学、自然、科学和艺术的理解。

在美国，小学三年级的科学课程里就有教孩子认识自然规律的内容。例如，太阳、月亮的升起和落下以及月亮的阴晴圆缺，这些都是图形规律。

在下面的几个版块里，你将能看到很多图形规律的例子，而这些规律抑或是和数学相关，抑或是和科学相关，甚至还会和艺术相关。因此，无论孩子多大岁数，掌握图形规律对于他们跨学科的学习都会有莫大的帮助。

二、知识点学习

如果想要学好图形规律,那么可以按照下面的步骤来学习。

1. 在多个图形中寻找规律

单个图形有时是没有规律的。比如看下面这个男孩,你觉得其中有什么规律吗?

但是,如果有多个图形组合在一起就会很不一样。比如将 3 个男孩排成一队,看看下面这张图,你觉得其中有哪些规律呢?

2. 在自然界中认识图形规律

其实，让孩子认识图形规律，并不仅仅是看纸上的图，更重要的是要让孩子学会观察，通过观察图形变化，从而认识到大自然的规律。

比如说我们把树干锯开后，会看到树桩上有一圈一圈的年轮，年轮由中间开始，一般情况下每年会多长一圈。所以，我们通过数树桩上年轮的数量就能知道树的树龄。这就是大自然通过图形传递的一种规律。

再比如海螺外壳,也有图形规律。请看看下面这幅海螺图,你觉得有什么规律呢?

3. 通过图形认识自然界的变化规律

仅仅会观察自然界中的图形规律还不够，还需要通过图形分析出大自然里事物的变化规律。

比如我们在地球上观察月亮，以月为周期，会发现月亮总在经历从新月到满月、满月再到残月这样的过程，然后下个月再重复。这是一种图形规律，但背后反映的却是月相的变化规律。

请看看下面这张图，观察月亮的变化，你能发现什么规律呢？

再比如说，太阳每天早上都会从东边升起，到中午会上升到人们头顶上方，然后到傍晚会从西边落下，每一天都是这样重复。

请看看下面这张图，你觉得有什么规律呢？

 想一想

你还看到生活中有哪些场景、哪些物品是有规律的呢？请告诉我们吧！

训练卡片 1

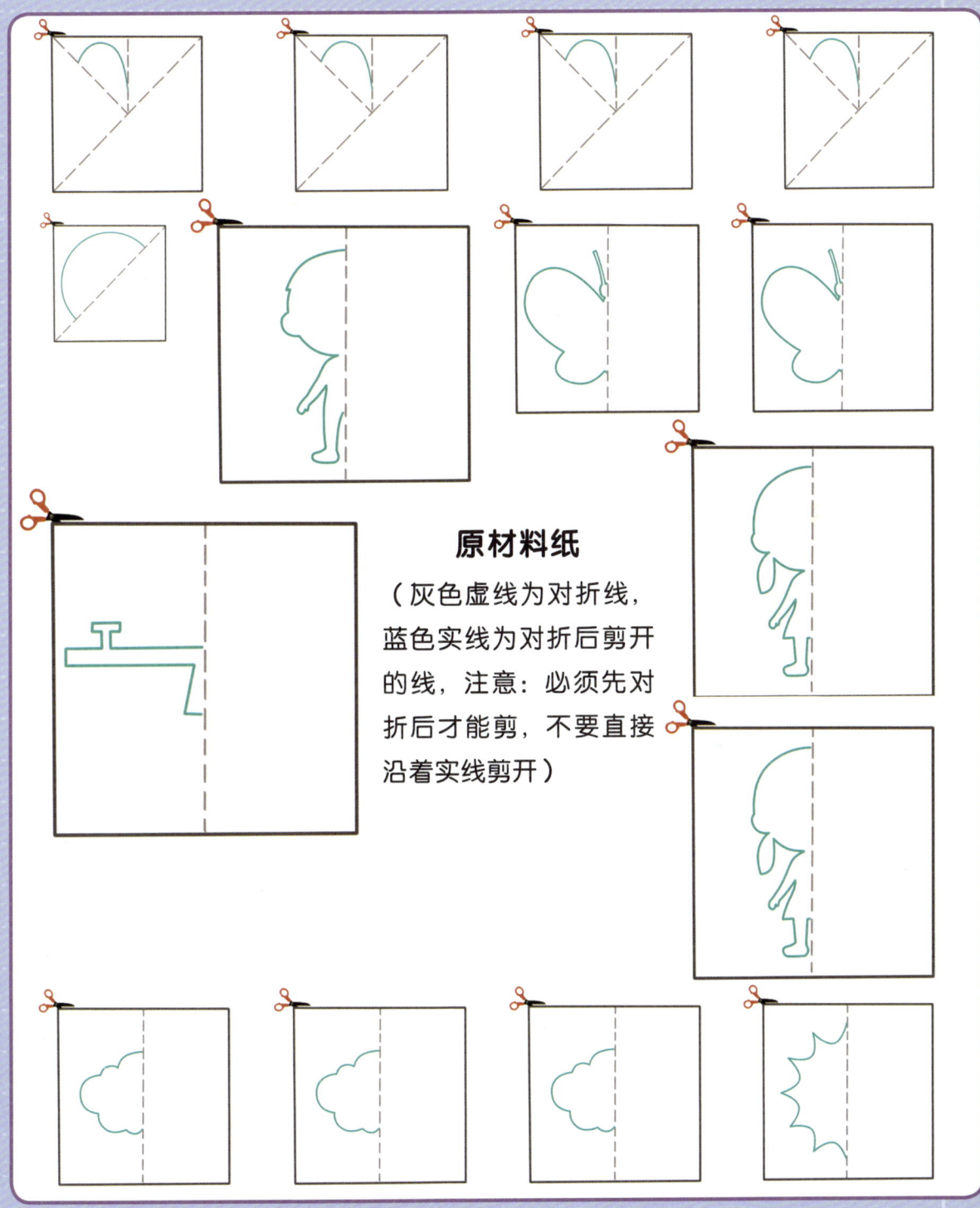

原材料纸

（灰色虚线为对折线，蓝色实线为对折后剪开的线，注意：必须先对折后才能剪，不要直接沿着实线剪开）

训练卡片 2

训练卡片 3

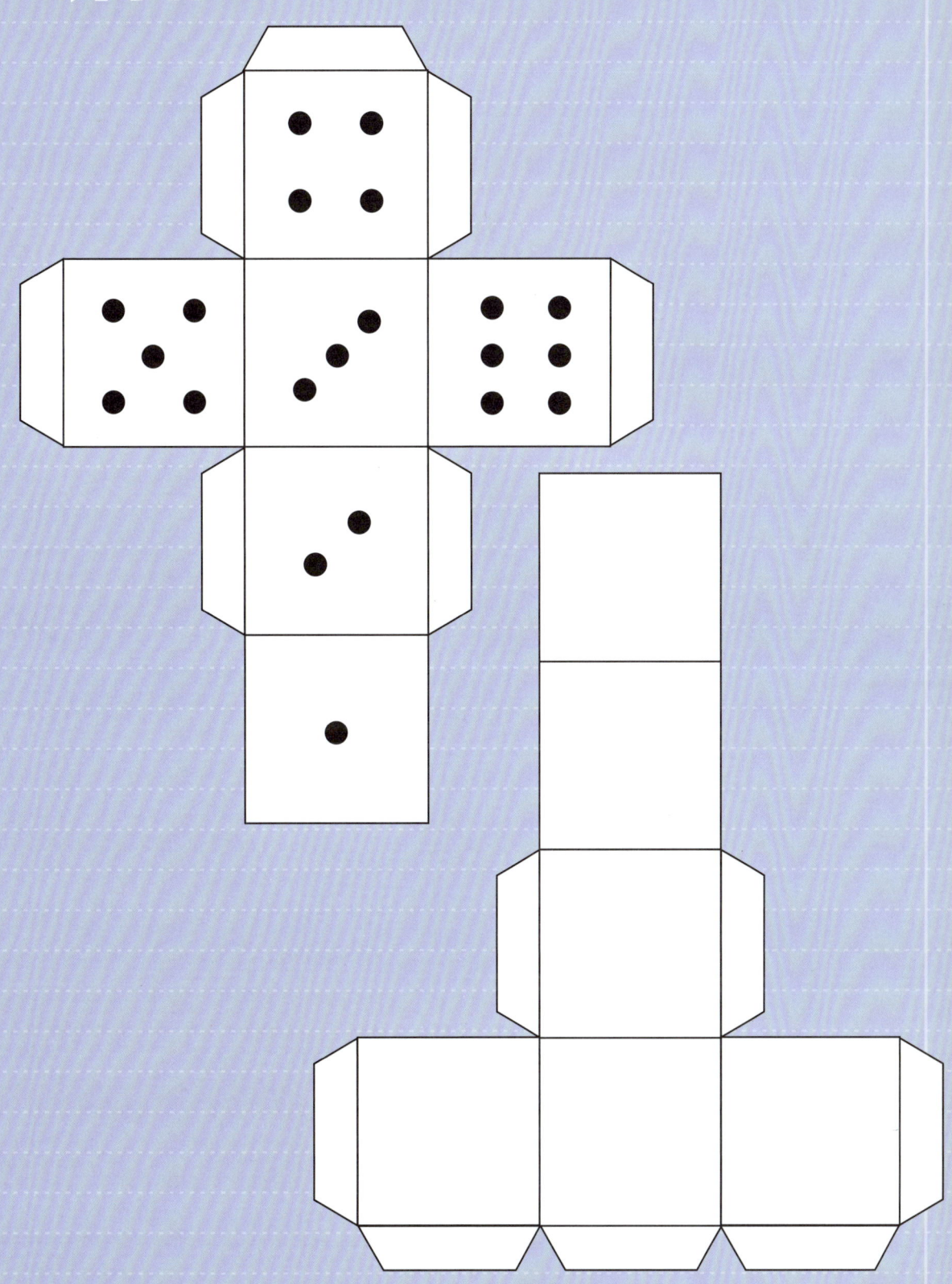

训练卡片 4

三、思维能力培养

1. 在蓝色的框框里打√，选出正确的小鸟放在空白格子中。

2. 家里有一块地板坏了，该选哪块地板补上呢？在橙色框框里打√吧！

3.空白格子里应该是哪只小鸟？橙红色框框里打√吧！

4. 妈妈给孩子做了一份生活计划表，内容是从周一到周五的早晨活动安排。可是孩子一不小心，把颜料溅到表上了，你知道被颜料盖住的内容是什么吗？

周 一	周 二	周 三	周 四	周 五
起 床	起 床	起 床		起 床
穿 衣	穿 衣	穿 衣	穿 衣	穿 衣
刷 牙	刷 牙		刷 牙	刷 牙
洗 脸	洗 脸	洗 脸	洗 脸	
吃早饭	吃早饭	吃早饭	吃早饭	吃早饭
上 学		上 学	上 学	上 学

在下面对应的每一天里选出被盖住的内容吧！

周二：　　起床 ☐　　刷牙 ☐　　上学 ☐

周三：　　起床 ☐　　刷牙 ☐　　上学 ☐

周四：　　起床 ☐　　刷牙 ☐　　上学 ☐

周五：　　起床 ☐　　洗脸 ☐　　上学 ☐

四、STEAM 天地

背景介绍

图形规律被广泛运用于艺术创造领域，通过对基本图形元素的重复、旋转、镶嵌等，艺术家们能创造出许多充满节奏感的令人意想不到的作品。

下面几个作品是图形规律在艺术创造领域的运用实例。

1. 图形的重复在装饰上的运用

《装饰的法则》中的插图
欧文·琼斯（Owen Jones），1856年

2. 图形的旋转在绘画上的运用

《星月夜》
文森特·凡·高（Vincent van Gogh），1889年

这些作品有时候看起来构图并不复杂，但其中蕴含着丰富的数学和逻辑学知识，构思简单却很新奇。

在运用图形规律的艺术家里面，最著名的是生于19世纪荷兰的埃舍尔（M. C. Escher）。不同于其他的艺术家们，埃舍尔自称是一位"图形艺术家"，他特别喜欢将数学知识融入自己的作品当中。

下面几幅图是仿埃舍尔风格的画作。

训练目标

运用图形规律创作一幅画。

制作材料

画纸（附件，见本章最后）；
常见颜色画笔。

设计过程

1. 寻找埃舍尔元素

埃舍尔风格是将一个图形元素重复、旋转，因此创作埃舍尔风格画作的第一步就是要画出最基本的埃舍尔元素。

这幅作品的图形元素是鱼。

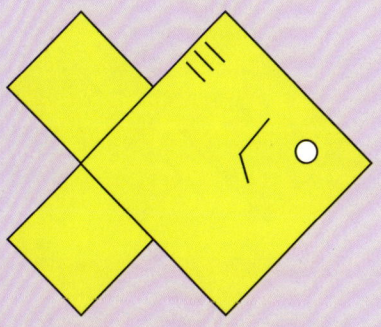

（1）请你尝试在画布上画一条鱼。

（2）小鱼排排队，你能画出第四条小鱼吗？请留意小鱼身上的细微变化哟！

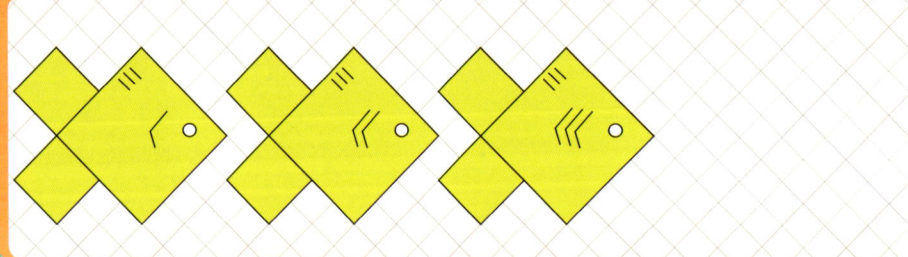

（3）五颜六色的小鱼多美丽，你能找出它们的规律，并给后面两条鱼涂色吗？

（4）小鱼在水里嬉戏，可是有一条鱼被水草挡住了，你知道是哪一条鱼吗？

(5)大鱼、小鱼排排队,你能画出第三条鱼的样子吗?

(6)一群小鱼在追逐嬉戏,你能给最后一组小鱼涂色吗?

2. 创作埃舍尔风格的画作

当埃舍尔元素确定后,我们开始画一幅埃舍尔风格的画作吧!

(1)看看下面这幅埃舍尔风格的画作,有两处图案忘了绘制颜色,你能将它的颜色补涂上吗?

(2)你能画一幅埃舍尔风格的小鱼戏水图吗?

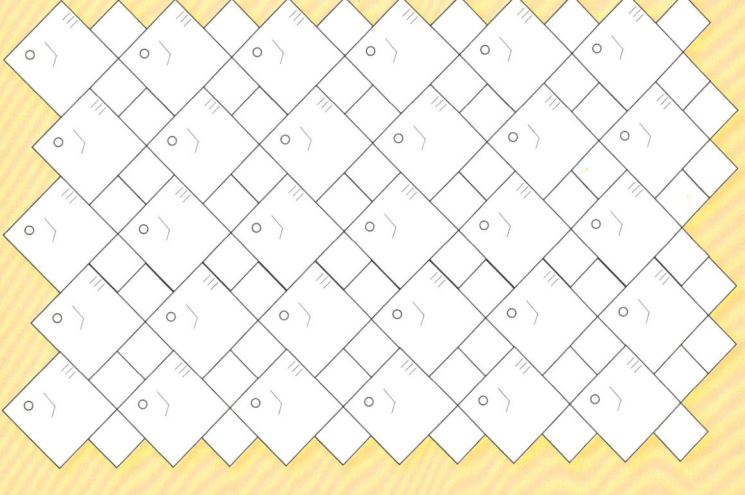

(3)在本章最后的画纸(附件1,见第52页)上,设计自己的埃舍尔元素和图画吧。

五、学习检查表

年龄		检查时间	
	知识点		是否理解
知识点学习	a. 在多个图中寻找规律		
	b. 在自然界中认识图形规律		
	c. 通过图形认识自然界的变化规律		
思维能力培养	通过图形和表格找出规律	4分：3～4题正确 3分：2题正确 2分：1题正确 0分：均错误	
STEAM 天地	观察图形并画对各要素［对应第1-（1）题］	4分：所有细节均能画对（两条鱼尾巴和鱼身的关系、鱼鳃的方向、鱼鳍的数量） 3分：能画对两处细节 2分：能画对一处细节 0分：知道画的是鱼，但细节均不对	
	通过图形找出规律 ［对应第1-（2）题、第1-（3）题、第1-（4）题、第1-（5）题、第1-（6）题、第2-（1）题］	4分：4题或4题以上正确 3分：3题正确 2分：1～2题正确 0分：均错误	

第 2 章 图形规律

STEAM 天地	创造力［对应第2-（2）题］	4分：能在整幅图上创造出有意义的图形规律，并且能表达出图形的规律 3分：能在局部按规律画画，但不能覆盖整幅图 0分：整幅图或者局部均无规律
总分	（　　）/16 分	

六、附件1

第 3 章

对称与旋转

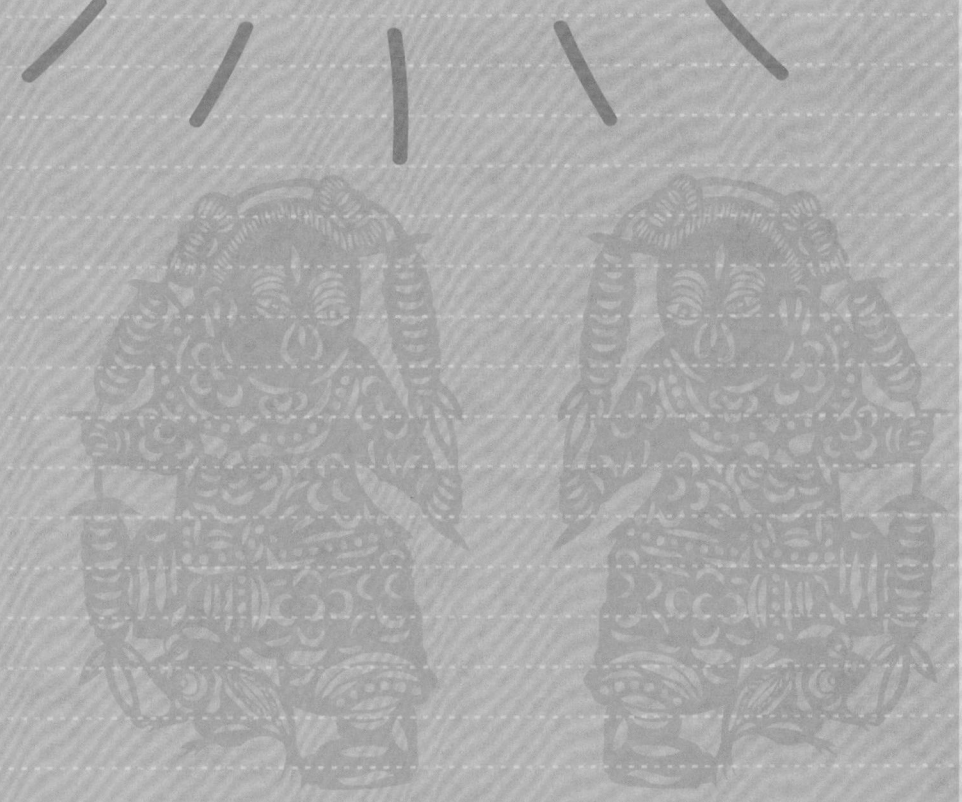

一、家长必读

在这一章中我们将介绍平面几何的另外一个知识点,叫作"对称与旋转"。这个知识点在未来的线性几何学习中将会得到大量的应用。例如:在解题时画辅助线,经常会用到对称与旋转的原理。

对称与旋转在科学中也有很多应用,如照镜子、激光的反射等都体现了这一知识点。

此外,对称与旋转在艺术中也扮演了重要的角色,很多艺术作品融入了这些几何概念,从而产生了惊艳的效果。

对称与旋转的学习步骤如下。

1. 教孩子理解对称

任何对称的图形都会有至少一个对称轴,因此孩子需要面对两个挑战:一个是在图形中找出对称轴;另一个是根据对称轴创作出对称的图形。

2. 教孩子理解旋转

任何旋转的图形一定会有一个中心,因此孩子需要面对两个挑战:一个是在图形中找到旋转的中心;另一个是当图形旋转某个角度后,找出图形旋转后所在的位置。

二、知识点学习

在生活中，我们经常可以看到各种对称的形状。艺术作品也经常体现出对称。

传统的中国剪纸图案强调对称。

硅谷工程师爸爸的超强数学思维课：建立孩子的几何思维

蝴蝶身上的图案是对称的。

我们去照镜子，会看到镜子映出的人像与自己是对称的。

第 3 章 对称与旋转

建筑中也有很多对称的运用,泰姬陵的设计风格就是基于对称原理。

生活中还有许多可旋转的物体,它们会绕着一个中心转动。爸爸开车的方向盘是可旋转的。

我们乘坐的摩天轮是可旋转的。

自行车的车轮是可旋转的。

第 3 章 对称与旋转

运行中的电风扇扇叶也是旋转的。

💡 **想一想**

身边还有哪些物品的形状是对称的呢？找一找它们的对称轴。
此外，又有哪些物品是可以旋转的呢？

三、思维能力培养

1. 下图中的虚线分别表示这些图形的对称轴。有的图形只有一条对称轴,而有的图形却有多条对称轴。

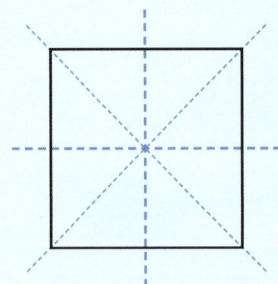
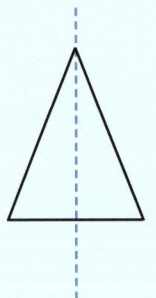
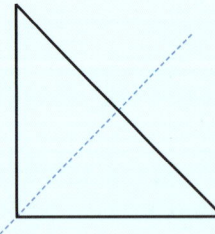
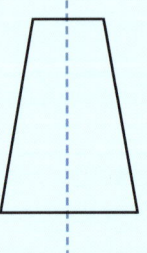

第 3 章 对称与旋转

下面哪些图形是对称的？请你在对称的图形中，画出它们的对称轴吧！

2. 请你画出下面对称图形的另一半,看看是什么。

3. 请你画出下面对称图形的另一半。红色线是对称轴。

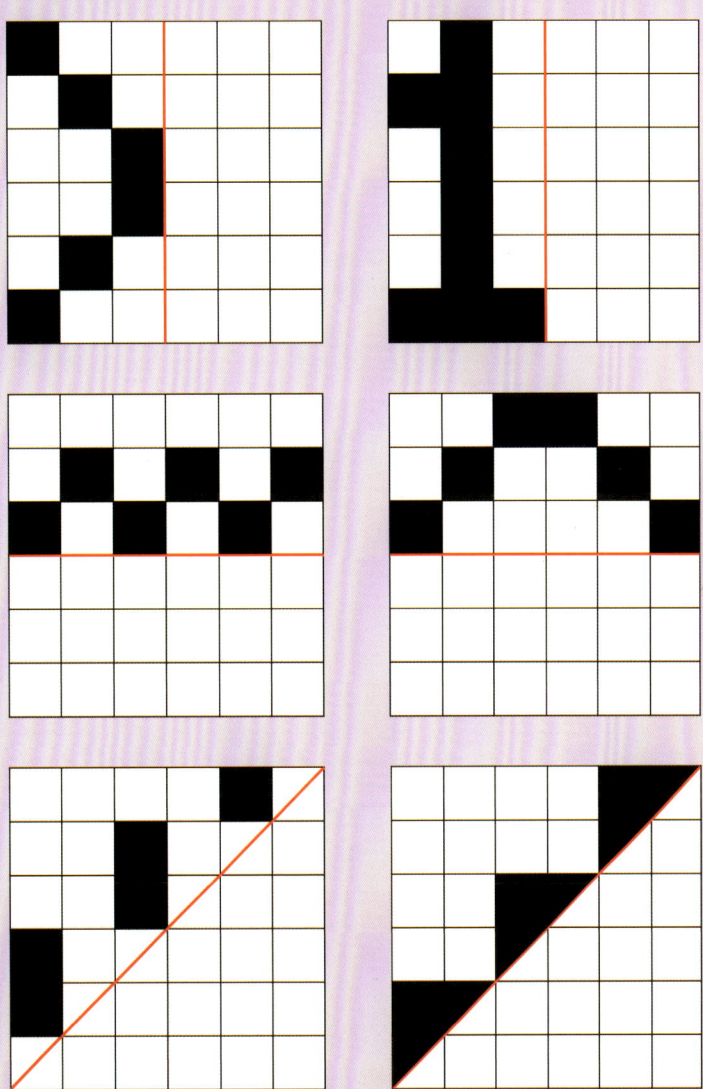

4.请你画出下面对称图形的另一半。中间粗线是对称轴。

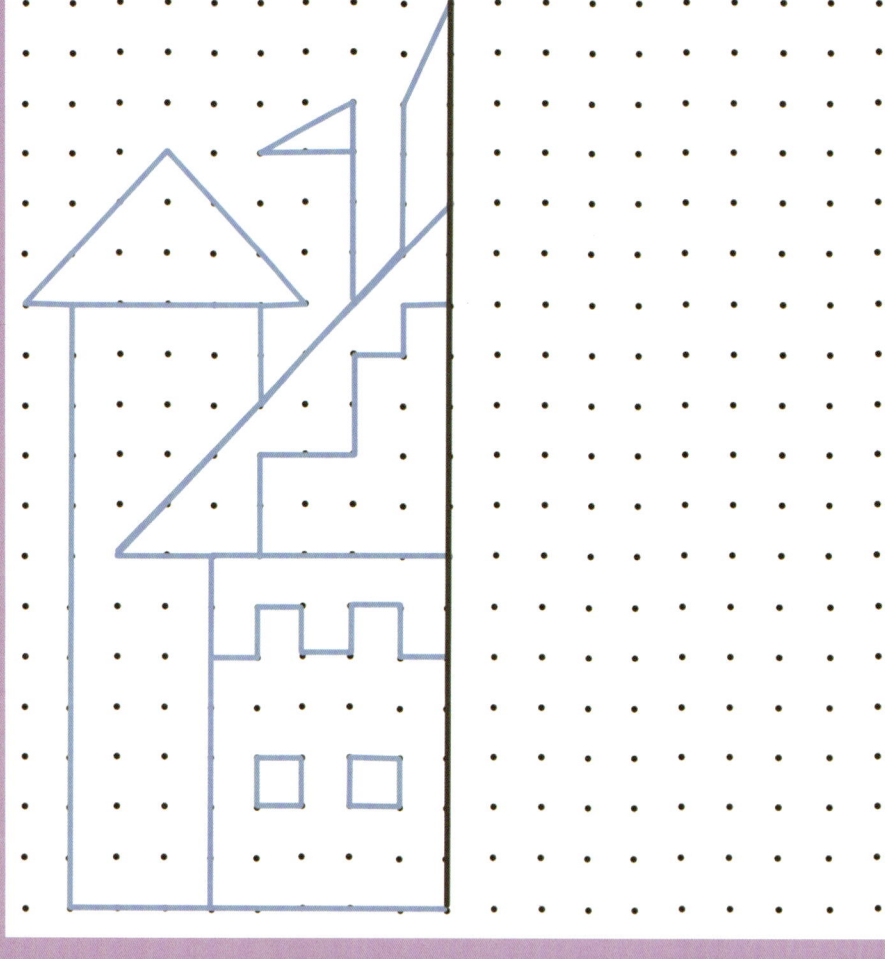

5.请你画出下面对称图形的其余部分。注意,两条粗黑线都是对称轴。

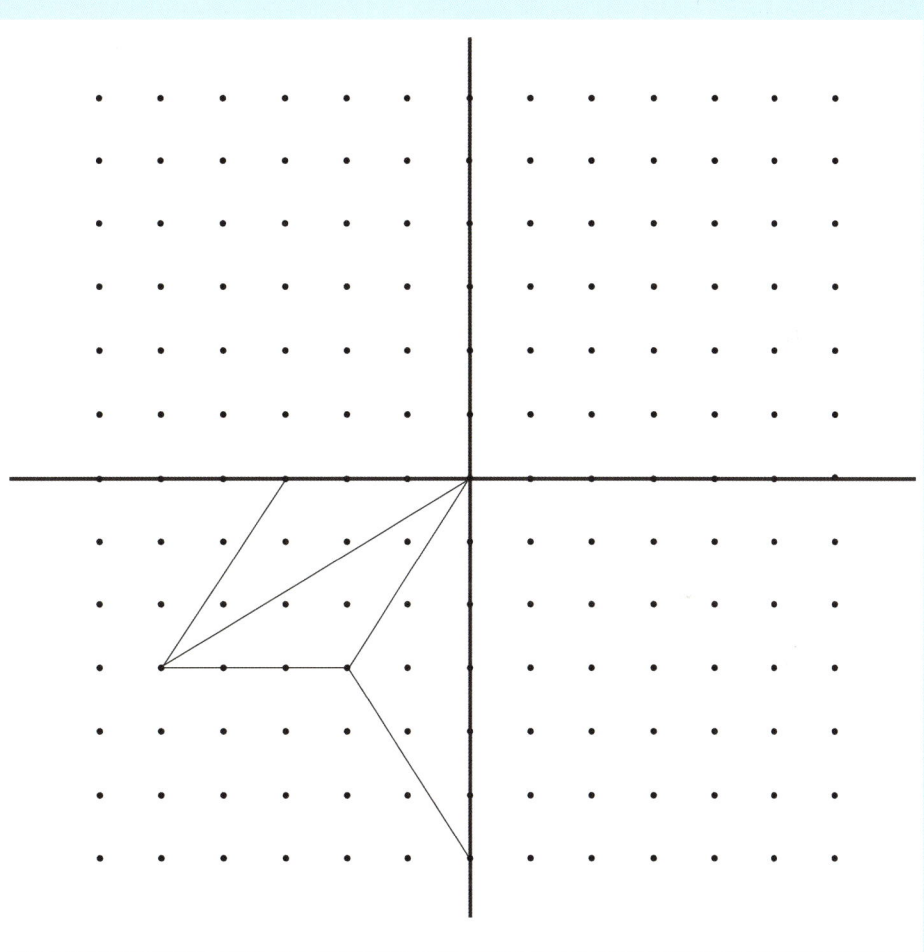

6. 下图中的闹钟,如果分针再旋转半圈,是几点几分?

7. 左图是一个摩天轮,如果摩天轮顺时针转半圈,那么长颈鹿会出现在什么位置?

（1）请你在下图中画出长颈鹿的位置。

（2）如果猫头鹰转到上一页图中长颈鹿的位置，请问这时候长颈鹿在哪？请你标出长颈鹿的位置。

四、STEAM 天地

背景介绍

中国剪纸是中国一种传统的民间艺术，是世界剪纸艺术中的瑰宝，它用剪刀或刻刀在纸上剪刻出美丽的图案。2009年，中国剪纸艺术被联合国教科文组织列入人类非物质文化遗产代表作名录。

中国剪纸运用了很多对称和旋转的技巧，这是因为人类的审美观对这两种几何形式有特别的偏爱。毕达哥拉斯曾经说过："美的线条和其他一切美的形体都必须有对称的形式。"

例如：右面这幅作品就体现了对称的应用。

而下面这幅作品则体现了旋转的应用。

第3章 对称与旋转

训练目标
设计儿童乐园的剪纸,掌握图形对称、旋转原理。

制作材料
原材料纸(附件2,见第78页);剪刀;彩色画笔;胶水;图钉。

设计过程

1. 画出游乐园里的草地和天空

请你在第76页的空白场景中,用绿色的画笔画出一片草地,用蓝色的画笔画出一片天空。

2. 制作四色花剪纸 4 张

请你为每个花瓣涂上不同的颜色,分别为红、橙、蓝、绿色。请制作 4 张这样的剪纸。

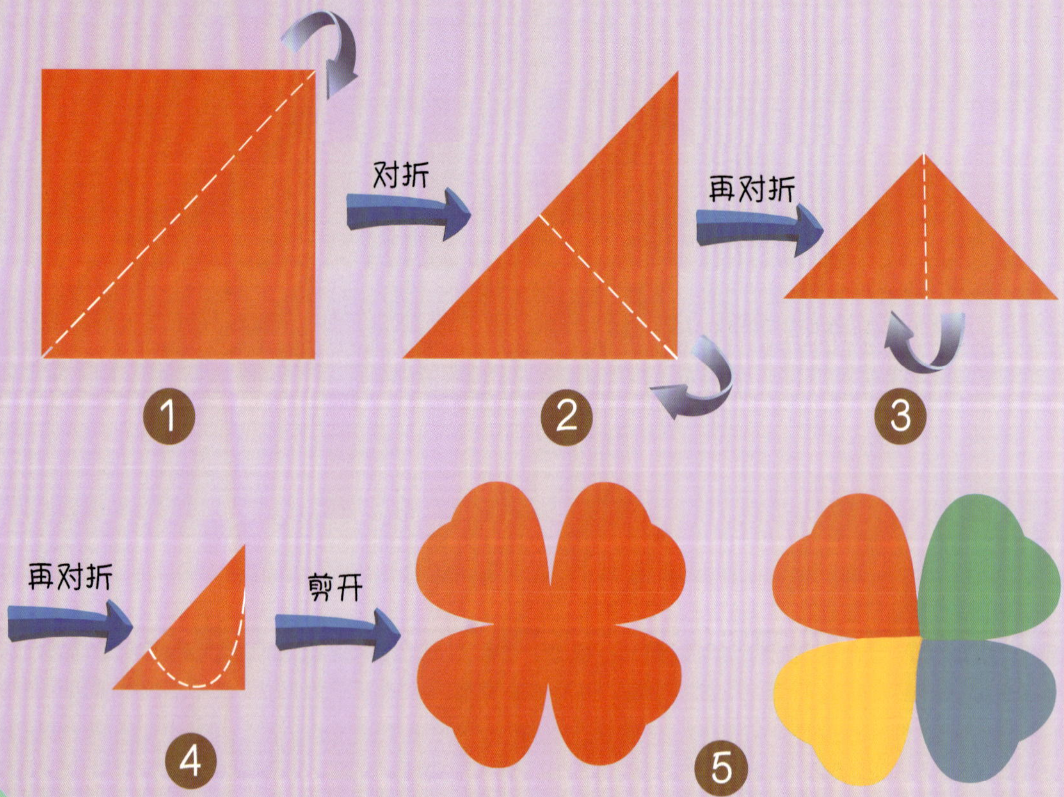

3. 制作足球剪纸 1 张

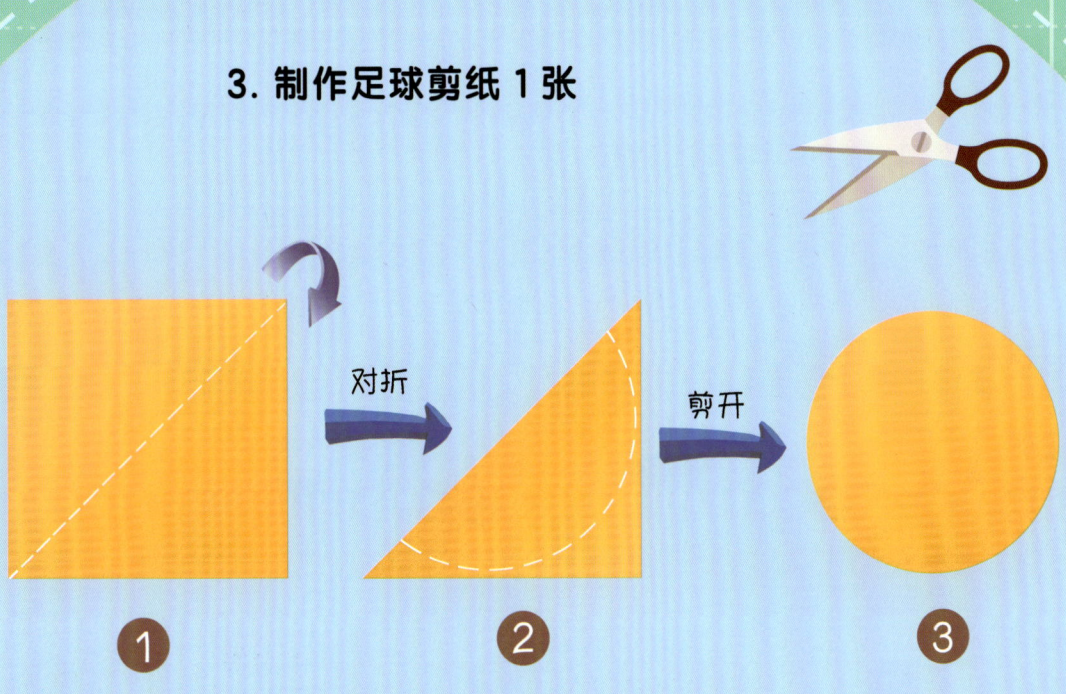

请你为剪下来的足球剪纸涂上颜色。

4. 制作小男孩剪纸 1 张

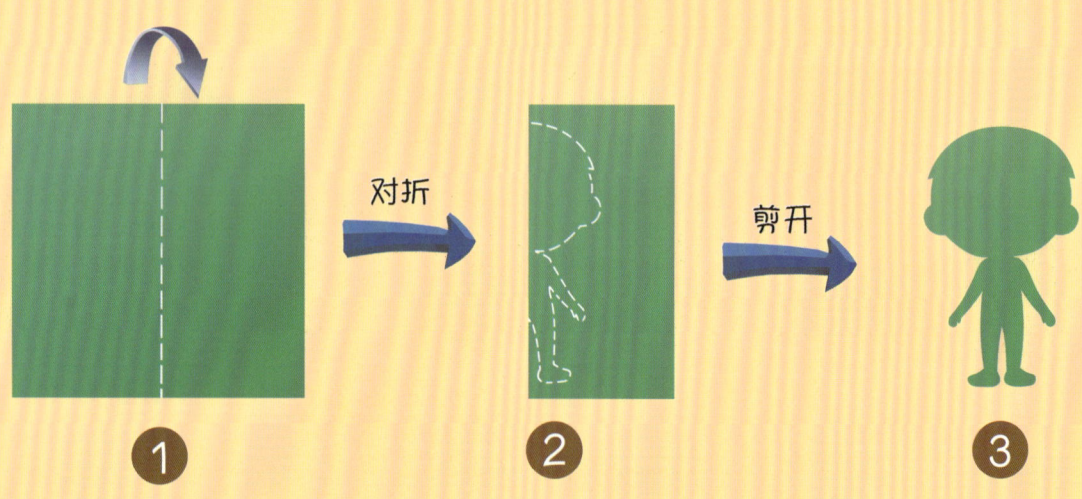

请你为剪下来的小男孩剪纸涂上颜色。

5. 制作小女孩剪纸 2 张

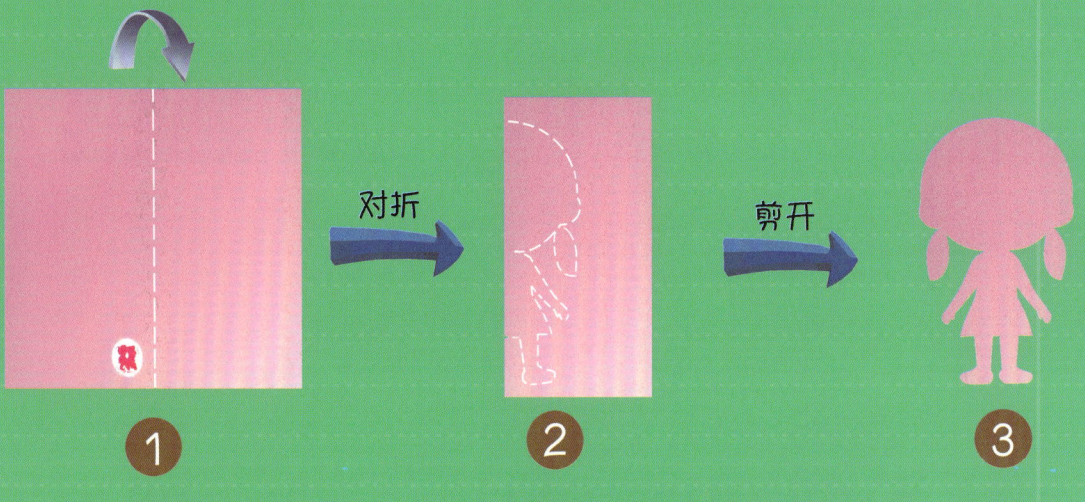

请你为剪下来的小女孩剪纸涂上颜色。

6. 制作跷跷板剪纸 1 张

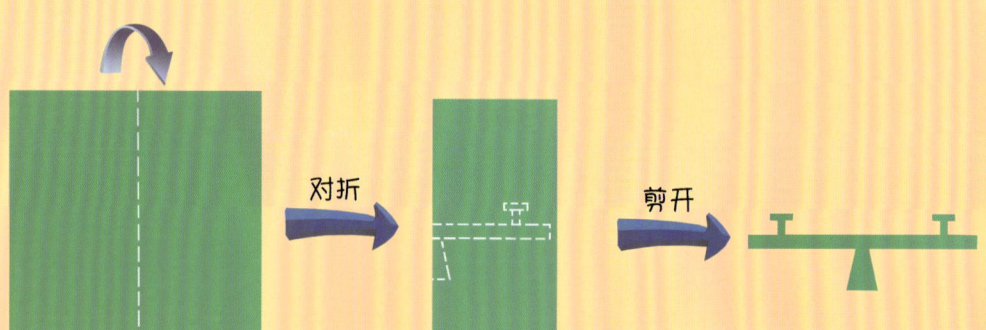

7. 制作蝴蝶剪纸 2 张

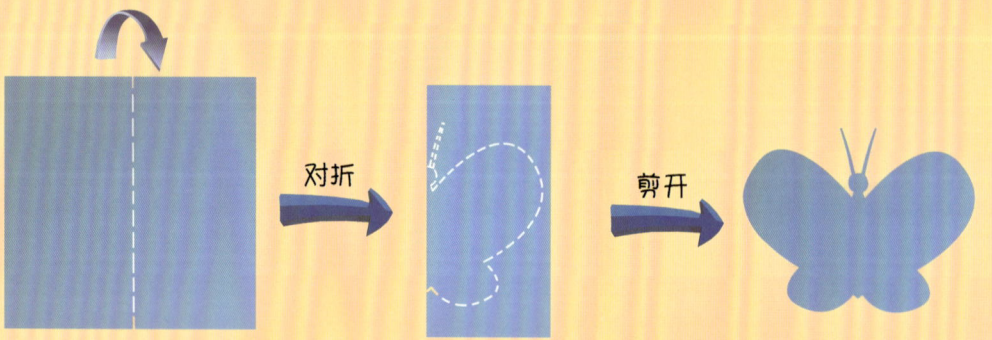

8. 制作云朵剪纸 3 张

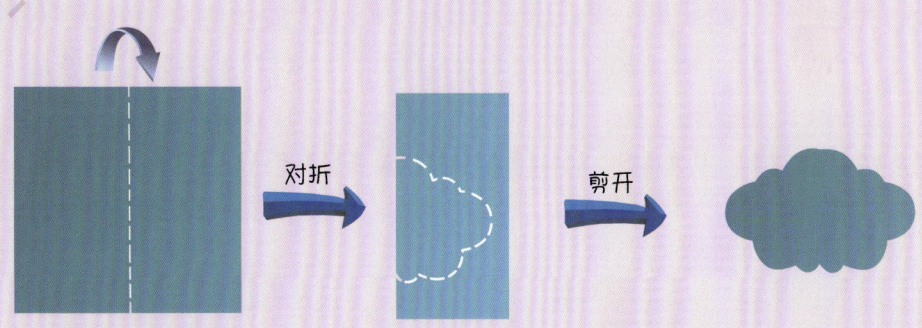

9. 制作太阳剪纸 1 张

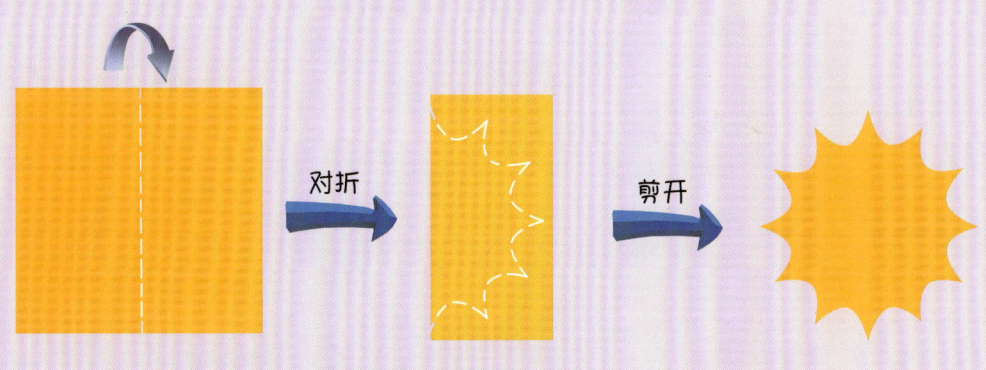

请你为剪下来的太阳剪纸涂上颜色。

10. 建造整个游乐场

将剪下来的剪纸贴在下方的场景内，创作一幅属于你的画作，别忘了画上草地和天空哦！要求将4朵四色花不同颜色的花瓣分别对准太阳。例如：第1朵四色花的红色花瓣对准太阳，第2朵四色花的蓝色花瓣对准太阳，以此类推。

提示：

（1）将4朵四色花的红色花瓣，对着4个不同的方向（感受旋转原理）；

（2）将图钉钉在跷跷板的中心位置上，使跷跷板可以旋转。将小男孩、小女孩的剪纸贴上去，这样他们就能玩跷跷板了。

五、学习检查表

年龄		检查时间	
知识点学习		知识点	是否理解
	a. 理解对称的概念		
	b. 理解旋转的概念		
思维能力培养	理解对称、旋转的概念；理解对称轴的概念，根据对称轴画出图形其余的部分	4 分：5~7 题正确 3 分：3~4 题正确 2 分：1~2 题正确 0 分：均错误	
STEAM 天地	通过剪纸感受对称和旋转	9 分：一共 8 种物品，其中四色花 2 分，其他每种物品 1 分 3 分：用剪出的物品正确地组成一个游乐场	
总分	（　　）/16 分		

六、附件 2（本附件为示意图，可使用随书附赠"训练卡片 1"完成训练操作。）

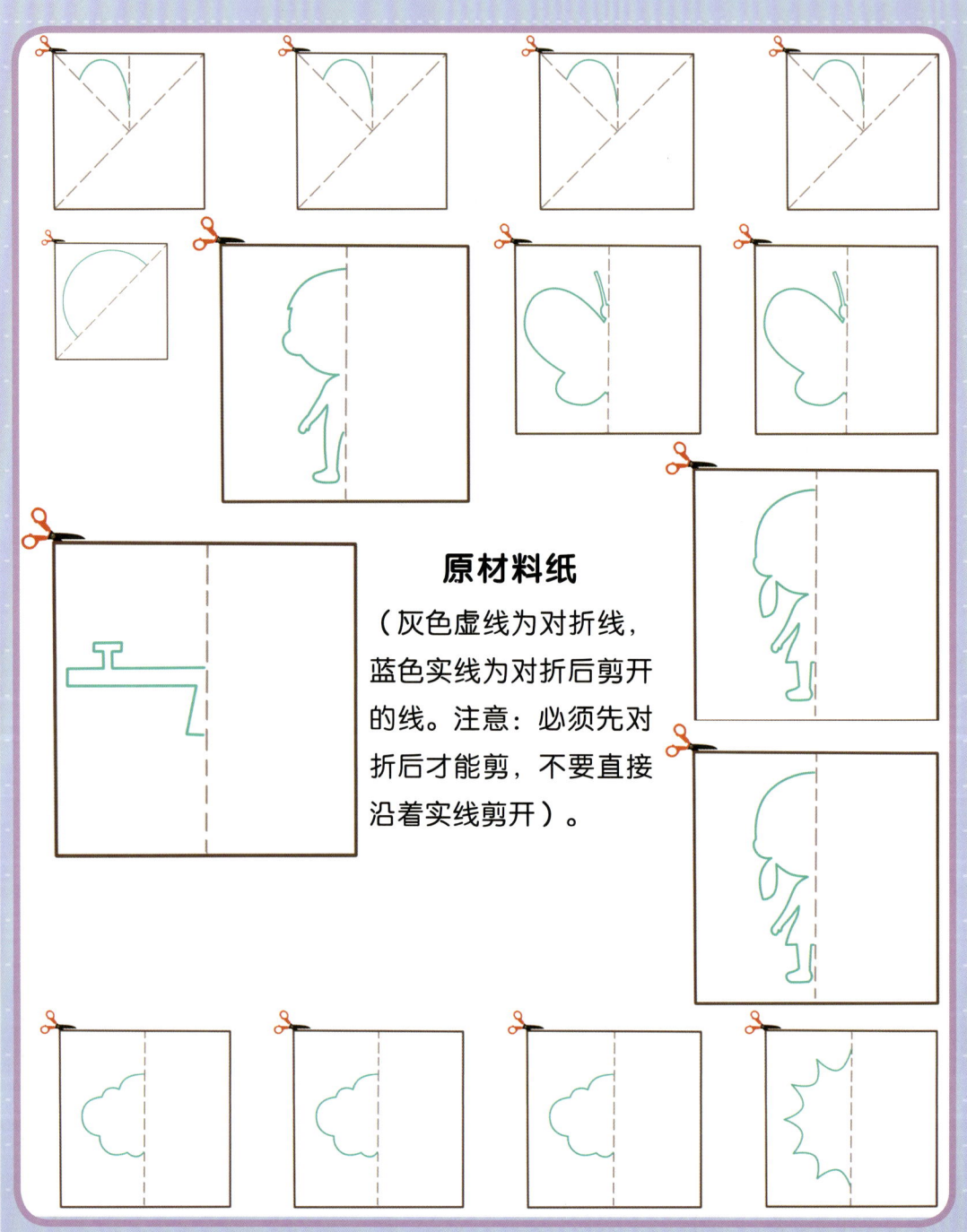

原材料纸

（灰色虚线为对折线，蓝色实线为对折后剪开的线。注意：必须先对折后才能剪，不要直接沿着实线剪开）。

第 4 章

分割与组合

一、家长必读

在前面几章中我们是从形状这个角度来介绍图形的。在这一章中我们会从另一个角度来讲解图形，那就是图形的分割与组合。

为什么孩子要学习图形的分割与组合呢？有下面几点原因。

1. 所有的图形都是由各种形状组成的，了解图形的分割与组合对孩子未来学习几何非常有帮助。例如：在孩子初中、高中的几何学习中，会需要大量画辅助线帮助解题，而这种画辅助线的过程就是对图形进行分割与组合。

2. 图形学不仅是数学范畴的，在计算机技术中也得到了大量的应用。在计算机领域，有一个专门的学科，叫作图形处理，其理论也是基于图形分割与组合。

3. 图形在艺术里也发挥了很重要的作用。很多艺术大师的作品都基于形状的各种组合，因此理解图形也能帮助孩子理解艺术、发挥创意。

孩子学习图形的分割与组合，有3个学习要点。

1. 学会分割图形，知道一个图形能分割成什么形状。

2. 学会查找图形，懂得在一个图形里找出各种形状。

3. 学会组合图形，尝试用不同的形状组合成一个图形。

二、知识点学习

我们在生活里能看到很多物品，它们往往是由各种图形组成的。

在桥梁的设计中，我们经常能看到三角形。三角形是最稳定的平面形状，所以经常应用在建筑上。

一个圆形的比萨可以分成很多扇形的小块。

房子里的地砖很多是由一个个正方形的图案组成的。

网球场地是由几个长方形组成的。

爸爸的毛衣上的图案是由菱形组成的。

其实，图形在计算机、艺术领域也发挥了非常重要的作用。

我们可以用计算机作画，把画放大之后看，会发现它是由一个个像素格子组成的。

荷兰画家皮特·科内利斯·蒙德里安（Piet Cornelies Mondrian，1872—1944）是几何抽象画派的先驱，他以几何图形为绘画的基本元素。左图是蒙德里安的作品《百老汇爵士乐》。

想一想
身边还有哪些物品是由图形组成的？它们又是由什么图形组成的呢？

三、思维能力培养

1. 请你数一数，这栋房子含有 ___ 个半圆形、___ 个三角形、___ 个长方形、___ 个正方形、___ 个圆形。

2. 下图是一座钢桥的结构图，请你数一数，图中有____个三角形。

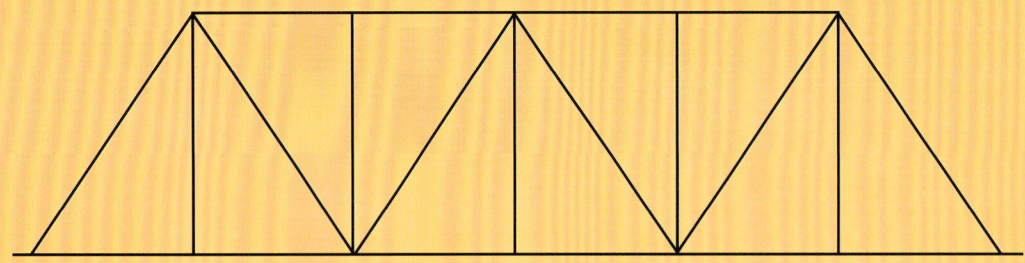

★ 3. 请你数一数，下面的图中有____个长方形。

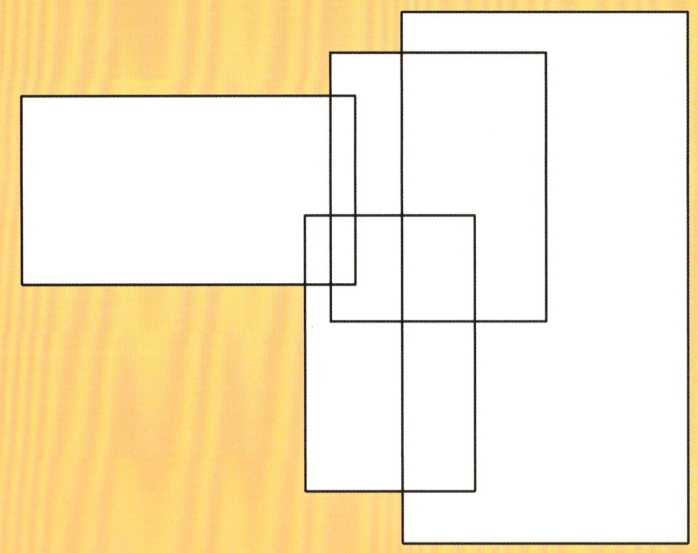

4. 请你在下面的图形中各画一条或多条线，试试画在哪里能把原来的图形分成两个大小、形状相同的三角形呢？

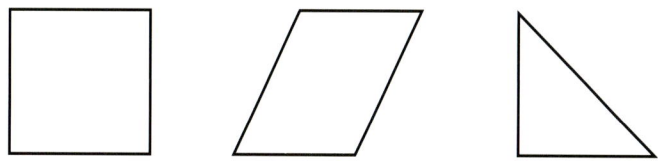

5. 下面哪些图形可以拼成一个圆形？请你把可以拼成圆形的图形圈起来吧。

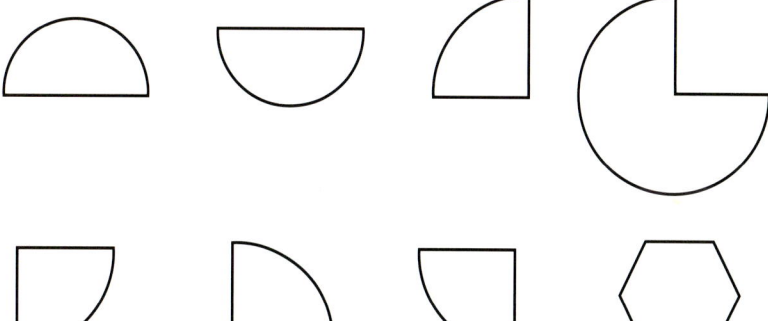

6. 下图是一块比萨，切走了一块，你知道被切走的是哪一块吗？

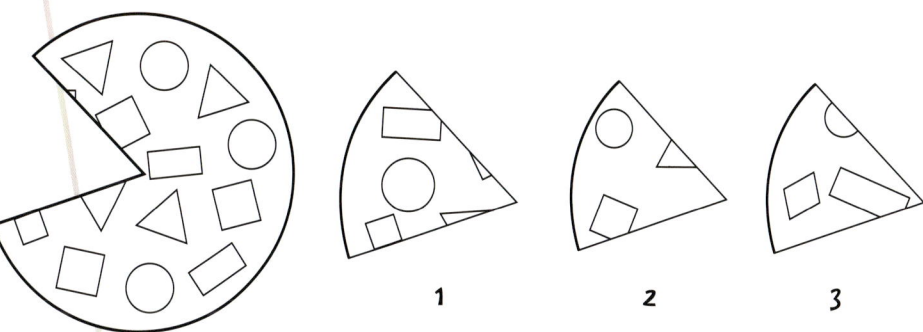

而到了清初,人们将燕几图和蝶几图融合在一起,最后发展为清朝的七巧桌,这就是七巧板的来源。

七巧桌

用 7 种形状来拼各种图形,这就是我们现在所熟知的七巧板。

现代七巧板

到了 18 世纪，七巧板流传到海外，立刻引起了外国人极大的兴趣，据说连拿破仑都是七巧板的狂热爱好者。后来，外国人给七巧板起了一个英文名，叫 Tangram，意为"唐图"，也就是"来自中国的拼图"。

训练目标

用七巧板来开拓孩子的空间思维。

用七巧板来演绎一个中西方文化交流的故事，将故事中的人和物用七巧板表现出来。（特别提示：如使用的七巧板非本书提供，拼出的图案可能会有所不同。）

制作材料

剪刀；简易七巧板（附件 3，见第 102 页）。

设计过程

古时候,西方有一个国王。

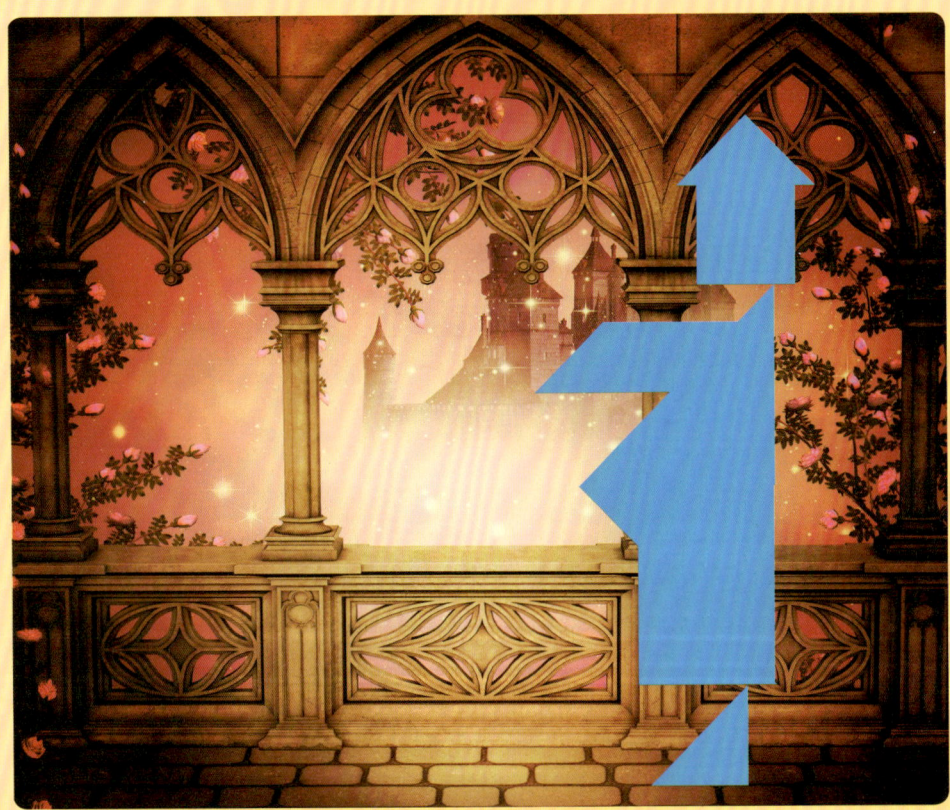

第 4 章 分割与组合

　　他听说遥远的中国有 7 块神奇的小木板，小木板可以组成成千上万种图形。他很想知道这 7 块小木板是怎样的，于是请求一位智者跋山涉水到中国去探索小木板的奥秘。

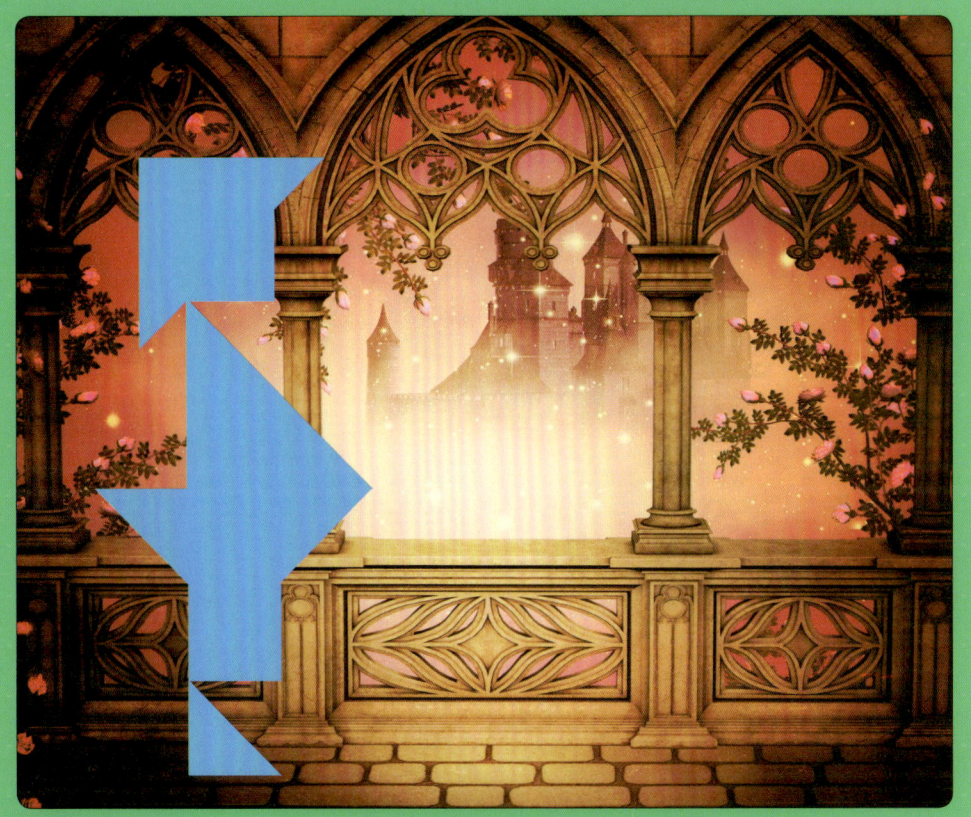

智者答应了国王的请求,骑上马出发了。

第 4 章 分割与组合

他来到一片森林，到处都是茂密的树木。

硅谷工程师爸爸的超强数学思维课：建立孩子的几何思维

突然，从森林深处窜出来一只凶狠的狮子。

智者拿出随身携带的宝剑，赶走了狮子。

第 4 章 分割与组合

智者又走了一段时间,来到一条大河前,水流湍急,可是没有桥该怎么过去呢?

这时候,智者发现河边有树木,于是他灵机一动,砍下木头做了一艘船。

智者坐上船,渡过了大河。

历经千辛万苦,智者终于到达了中国。

第4章 分割与组合

一位老爷爷听说智者的来意后哈哈大笑,说他要找的神奇小木板叫作"七巧板",就放在一个正方形的小盒子里。

老爷爷送了智者一套七巧板带回家。智者激动地举起七巧板,感谢老爷爷的恩情。

从此七巧板传入了西方,成为全世界流行的一款游戏。

请你用七巧板,将故事中的人和物拼出来吧!

五、学习检查表

年龄		检查时间	
	知识点		是否理解
知识点学习	a. 图形的分割		
	b. 图形的组合		
思维能力培养	图形的分割、组合、计数	4分：4~6题正确 3分：3题正确 2分：1~2题正确 0分：均错误	
STEAM 天地	图形的分割	4分：能从附件3材料中正确分割出七巧板 0分：不能从附件3材料中正确分割出七巧板	
	图形的组合	11分：一共有11个组合形状，每完成一个得1分	
总分	（　　）/19分		

六、附件 3（本附件为示意图，可使用随书附赠"训练卡片 2"完成训练操作，将卡片上的七巧板按照虚线剪下来。）

第 5 章
空间思维

二、知识点学习

小朋友,你认识下面的东西吗,想一想它们的样子有什么特别的地方?

魔方

冰块

骰子

奶酪

纸箱

石块

第 5 章 空间思维

看了前面几个图中的形状,你是不是发现它们都可以用同一个形状画出来呢?

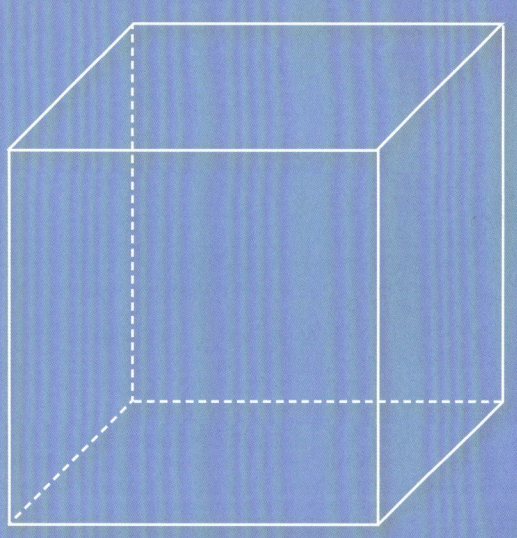

这样的形状就是立方体。在我们的生活中,有非常多的立方体。

 **想一想**

你还能在身边找到其他立方体吗?

107

三、思维能力培养

制作立方体

让我们自己动手做一个立方体吧。用剪刀将右面的图形剪下来,再用胶水粘起来,就可以做成一个立方体了。一起来试一试吧!

做好之后,就是一个小立方体了。

(本图为示意图,可使用随书附赠"训练卡片3"完成训练操作。)

接下来，我们再做几个立方体。

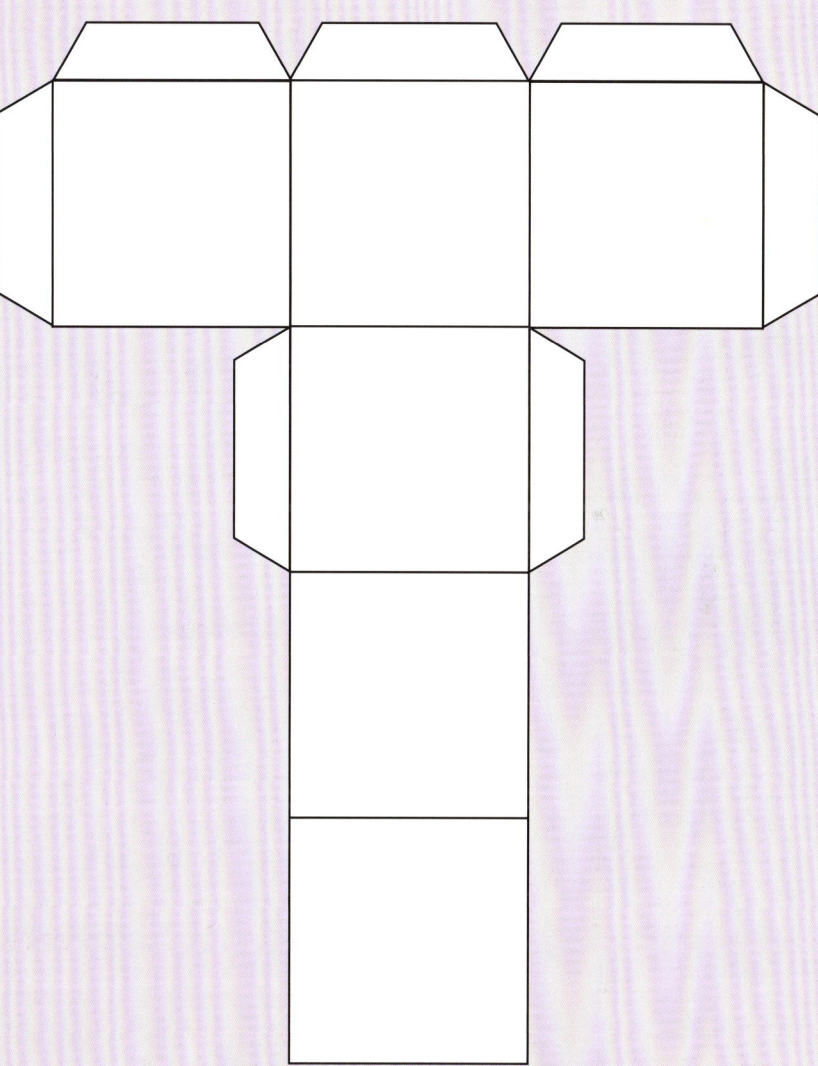

（本图为示意图，可使用随书附赠"训练卡片3"完成训练操作。）

（本图为示意图，可使用随书附赠"训练卡片4"完成训练操作。）

第 5 章 空间思维

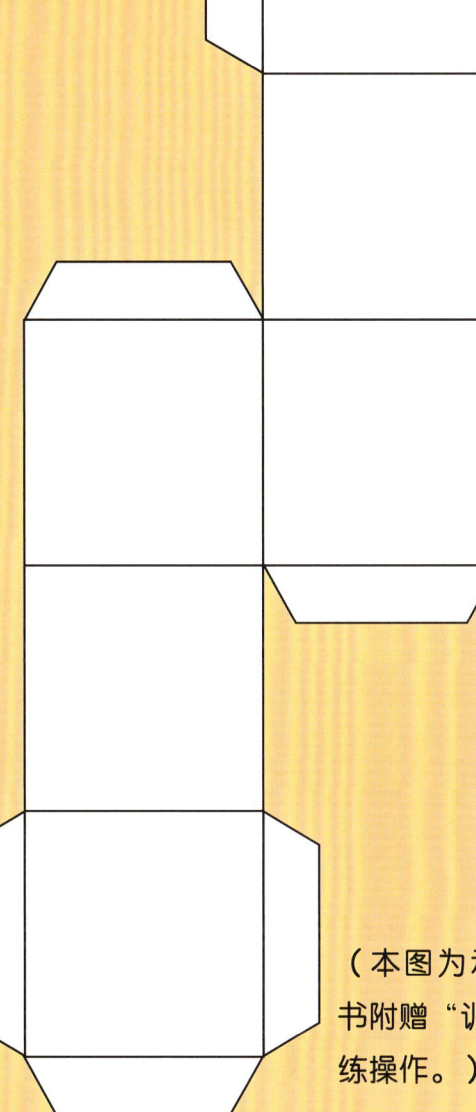

（本图为示意图，可使用随书附赠"训练卡片 4"完成训练操作。）

**想一想**

每个剪下来的纸片形状都不一样，但是最后它们都能制作成立方体的形状。请你想一想，为什么？

认识面和边

下面我们认识一下,立方体中的"面"。

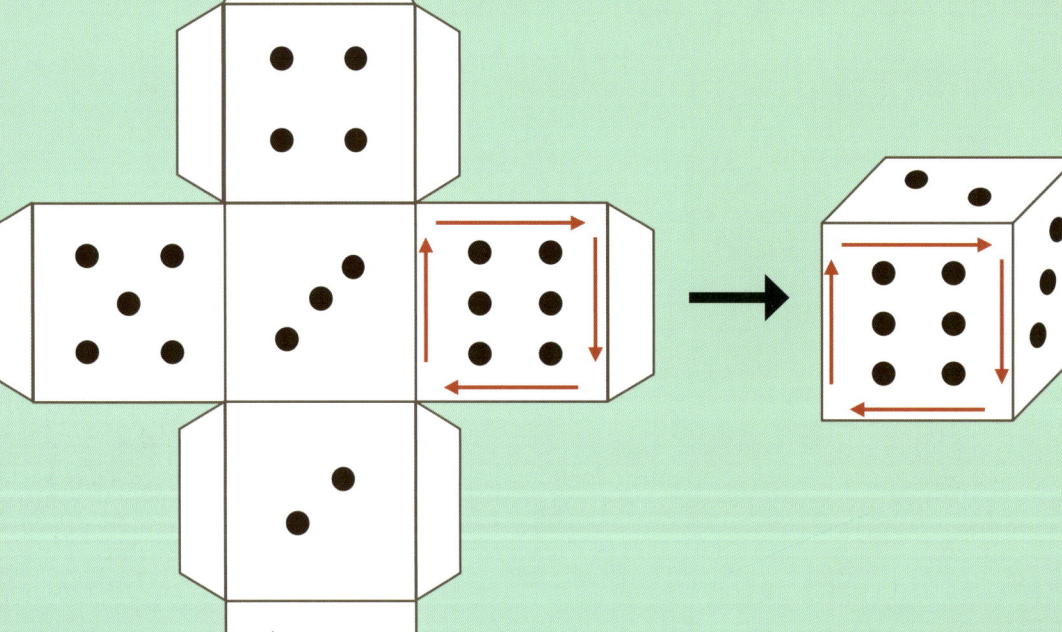

 数 一 数

你刚才做的立方体有几个面?_____

接下来，我们认识立方体中的"边"。

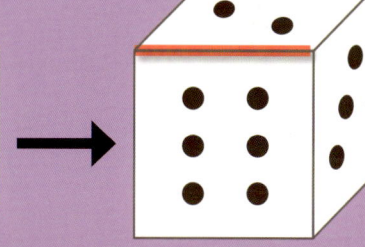

数一数

你刚才做的立方体有几条边？ _____

认识对面

每个立方体都有两个面是相互对应的,有上面就有下面,有正面就有背面,有左侧面就有右侧面。请不要看你做的骰子,仅仅看上面这张图,你知道每个面所对应的面的图形是什么吗?将两两对应的面用线连起来吧!

四、STEAM 天地

背景介绍

在中美洲有一个神秘的古老文明叫作玛雅文明,它大约形成于公元前 1800 年。玛雅人用石头建造了数百座建筑物,这是玛雅文明鼎盛的标志。这些建筑不仅高大雄伟,还雕有精美的花纹,它们被称为"玛雅神庙"或者"玛雅金字塔"。

玛雅神庙是世界建筑史上的一个奇迹。那时候的人们没有金属工具,没有大牲畜,也没有车轮,可是玛雅人竟能在这么艰苦的情况下开采出大量的大石头,每块大石头都有数十吨的重量。然后,他们将大石头雕琢成石块,接着跋山涉水,一路艰辛地运到目的地,最终建成宏伟的玛雅神庙。

训练目标

帮助古代玛雅国王设计玛雅神庙。

制作材料

立方体若干;
画纸一张;
铅笔一支;
彩色画笔一套。

设计过程

1. 招募设计师

在玛雅文明中,人们特别喜欢修建神庙,神庙一般是用来祭祀或者观察天象的。一天,玛雅国王想修建一座新的神庙,于是他在全国召集优秀的设计师,告示刚一贴出来就有很多人报名。

为了选出优秀的设计师,国王出了3道题目。

（1）修建神庙需要很多大石块，现在有一堆石块堆在一起，工人在搬运石块的时候每次只能搬走一块，那么这堆石块一共需要搬运多少次呢？

7次（ ）　　　8次（ ）　　　9次（ ）

（2）国王接着提供了修建神庙的4个方案。如果用上一题的那堆石块修建神庙，这4个方案中有一个方案是行不通的，你知道是哪个方案有问题吗？为什么有问题？

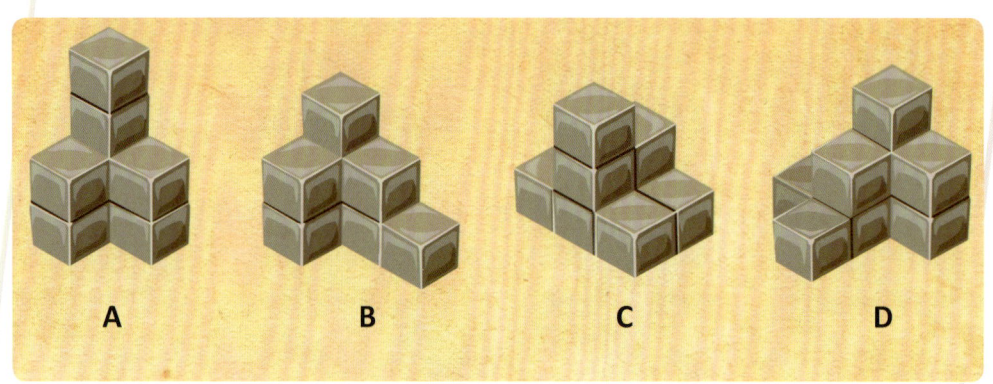

A　　　　B　　　　C　　　　D

（3）因为古代没有起重机等机械设备，每次搬运石块都需要费很大的功夫，所以搬运石块的次数越少越好。如果用之前的那堆石块修建下面这个造型的建筑，最少需要移动几块石块才能完成任务？

（　　）块

2. 修建玛雅神庙

★（1）经过层层选拔后，你终于被玛雅国王选中担任神庙的设计师。这时候国王提出了他的设计要求："我希望我的神庙无论从哪个角度来看都是最漂亮、最雄伟的！"

国王画了3张图，都是他梦想中从不同角度看神庙的图案。

正视图（从前往后看）　　俯视图（从上往下看）　　左视图（从左往右看）

硅谷工程师爸爸的超强数学思维课：建立孩子的几何思维

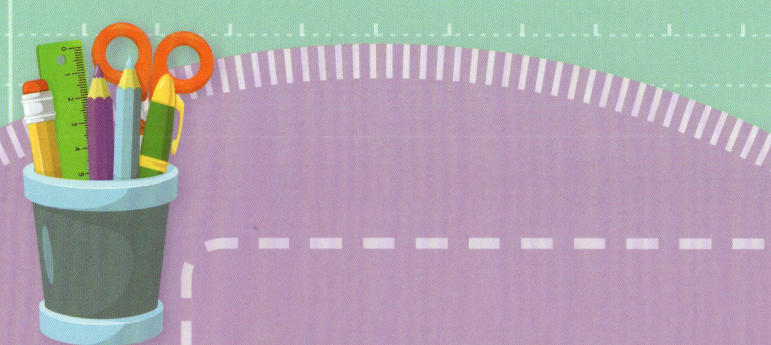

你能通过国王的 3 张图搭出这座神庙的模型吗？

玛雅神庙模型图

建筑师签名：　　　　　日期：

★（2）国王对你成功设计出他梦想中的神庙感到非常高兴，这时候大祭司对国王说："如果想祭祀太阳神，还需要在神庙前搭建一座祭坛，并且需要雕琢出美丽的图案。"

祭司为国王制作了一个祭坛模型。

你能画出这个祭坛从不同角度观察的视图吗？

正视图（从前往后看）

左视图（从左往右看）

俯视图（从上往下看）

五、学习检查表

年龄		检查时间	
		知识点	是否理解
知识点学习		a. 认识立方体	
		b. 通过平面图形在脑中还原立体图形	
思维能力培养	制作立方体	4 分：独立制作出全部 5 个立方体 2 分：独立制作出 3 ~ 4 个立方体 0 分：无法独立制作立方体	
	认识面和边	4 分：正确理解面和边 2 分：理解面和边中的一种 0 分：不理解面和边	
	理解对面的概念	4 分：正确理解对面的概念 0 分：不理解对面的概念	

STEAM 天地	数方块［对应第1-（1）题］	4分：能够数出方块的数量 0分：回答错误，不理解隐藏的方块
	移动方块1［对应第1-（2）题］	4分：能够正确数出每个图形的方块数量 0分：回答错误
	移动方块2［对应第1-（3）题］	4分：能够移动方块，且能找到最佳方案 2分：能够移动方块，但是方案不是最佳的 0分：不能移动方块
	三视图还原［对应第2-（1）题］	4分：理解三视图，并能还原出立体形状 2分：理解三视图，但无法还原出立体形状 0分：不理解三视图
	三视图生成［对应第2-（2）题］	4分：理解三视图，并能根据立体形状画出三视图 2分：理解三视图，但无法根据立体形状画出三视图 0分：不理解三视图
总分	（　）/32 分	

答案

第1章 形状

三、思维能力培养

1.

2. 把细线系成一个圆圈，一端用图钉固定在纸上，另一端套在铅笔上绕圈即可画出一个圆。

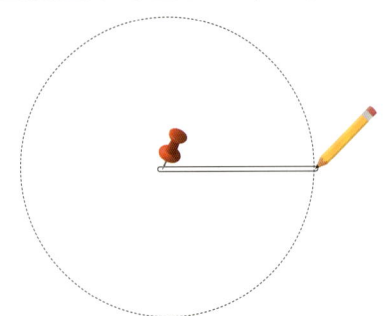

3.

4.

5.

　　1　　　　　　　　　2　　　　　　　　　3
通过圆心　　　　通过圆心　　　　将4个交点连起来
任意画一条线　　再任意画一条线　　就是一个长方形

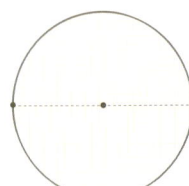 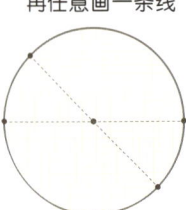 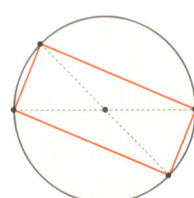

6. 先画出一个圆，以圆周上某一个点为圆心，再画一个圆。然后依次以两个圆的其中一个交点为圆心，继续画圆。最后将第一个圆上的所有交点连起来，就是一个正六边形。

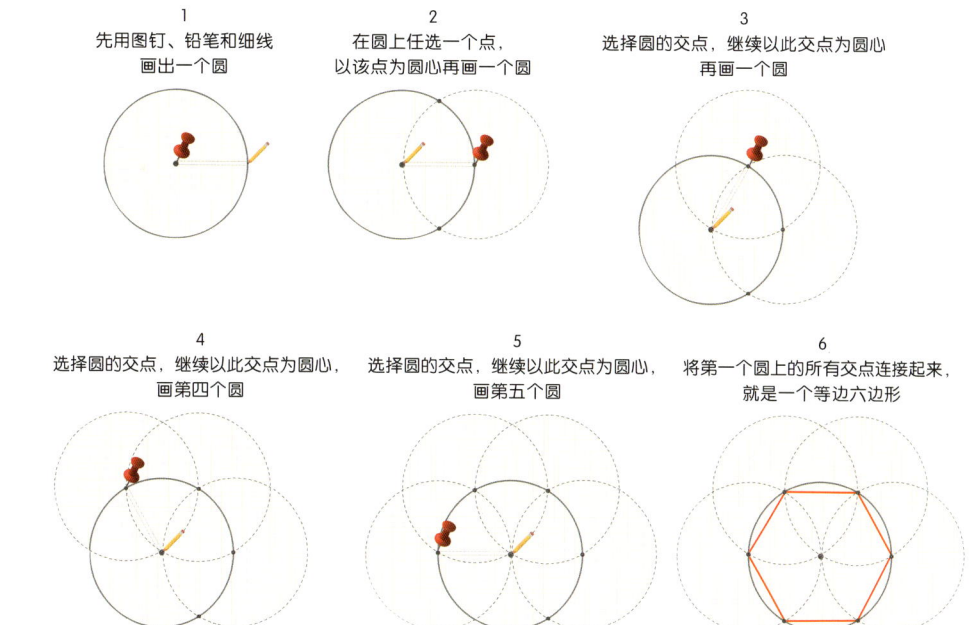

7. 12 种，分别是三角形、菱形、正方形、长方形、平行四边形、梯形、五边形、六边形、七边形、八边形、三棱锥、四棱锥（下图供参考）。

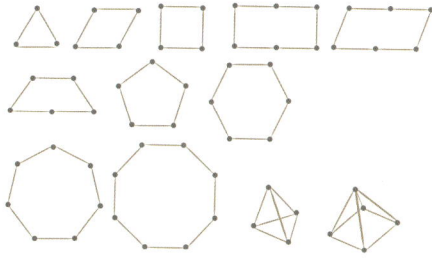

8. 4 个。

第 2 章 图形规律

三、思维能力培养

1.

2.

3.

4.

周二：	起床 ☐	刷牙 ☐	上学 ✓
周三：	起床 ☐	刷牙 ✓	上学 ☐
周四：	起床 ✓	刷牙 ☐	上学 ☐
周五：	起床 ☐	洗脸 ✓	上学 ☐

四、STEAM 天地

1.
（2）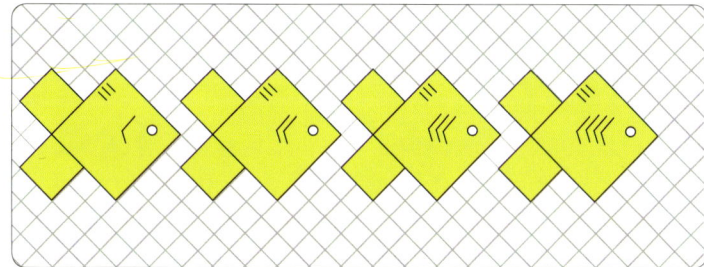

（3）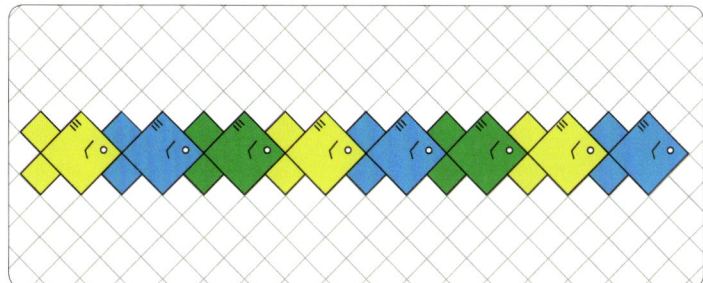

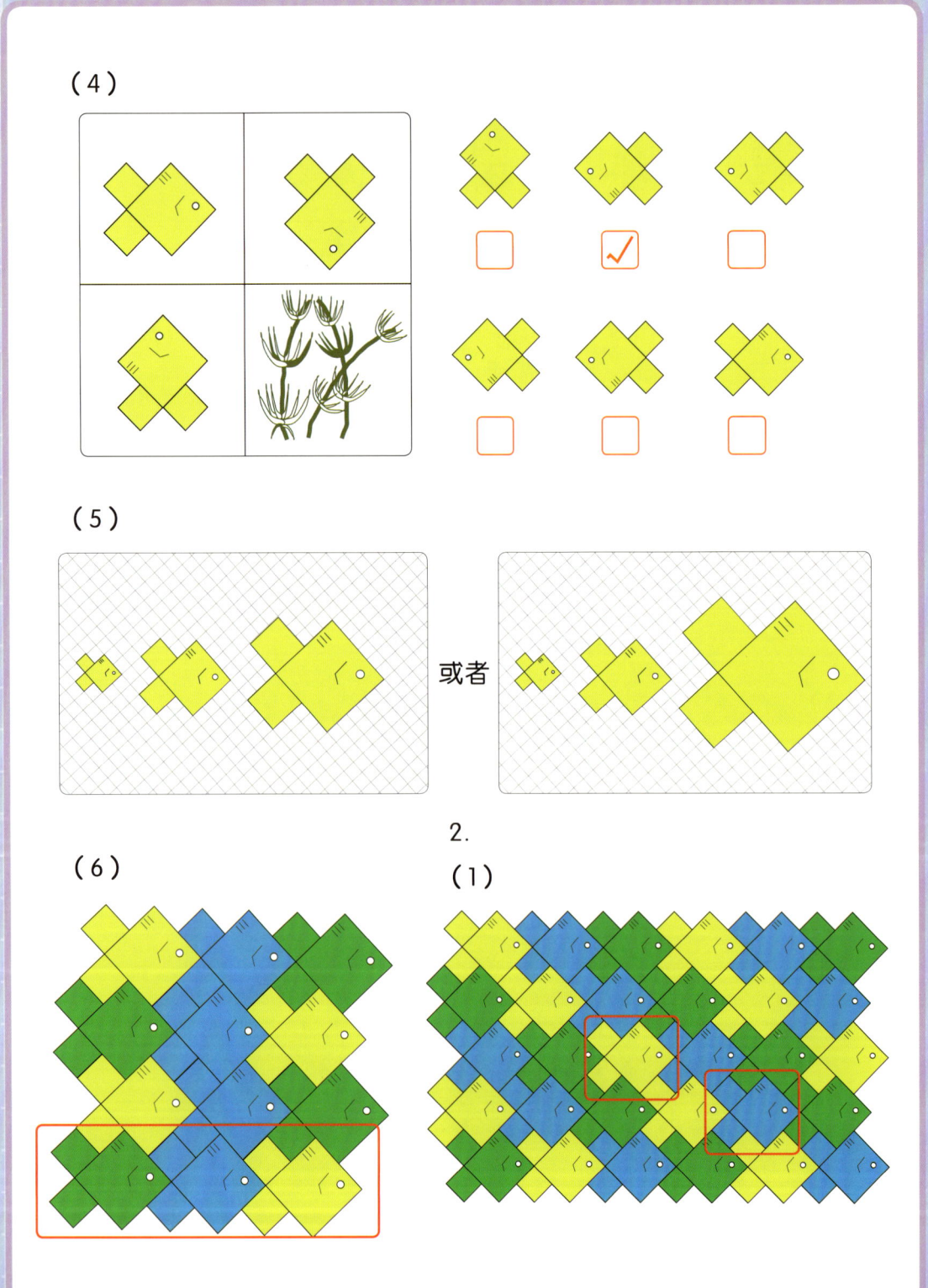

第 3 章　对称与旋转

三、思维能力培养

1.

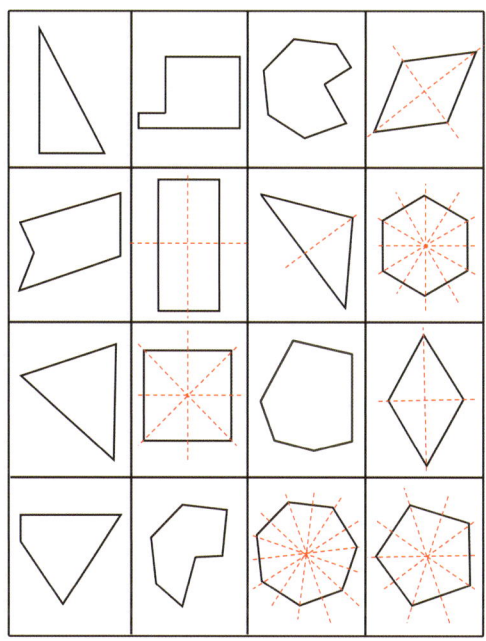

2.

3.

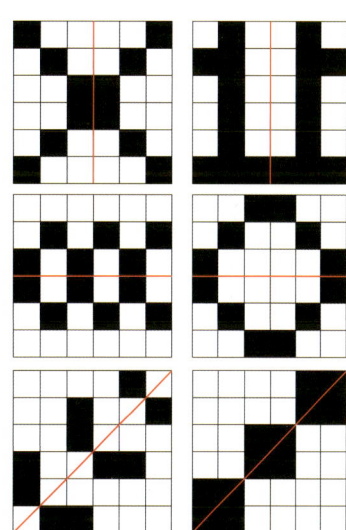

4.

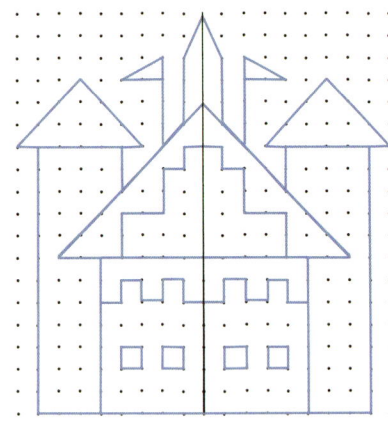

5.

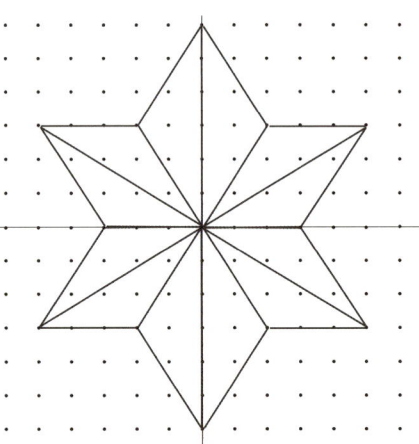

6. 2点30分

7.

（1）长颈鹿会出现在最上面。

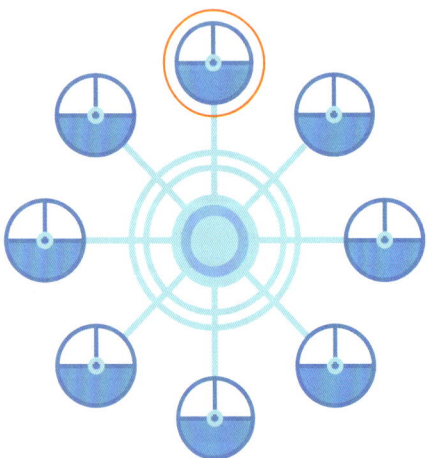

（2）

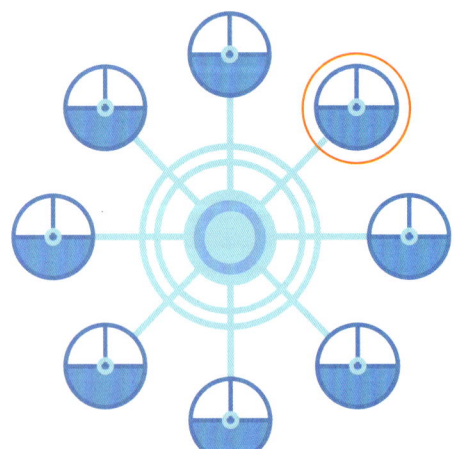

第 4 章 分割与组合

三、思维能力培养

1. 1 个半圆形、2 个三角形、7 个长方形、4 个正方形、2 个圆形

2. 15 个

3. 17 个

4.

 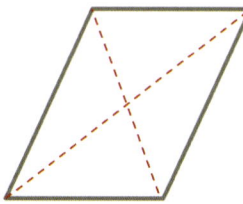 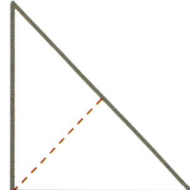

5.

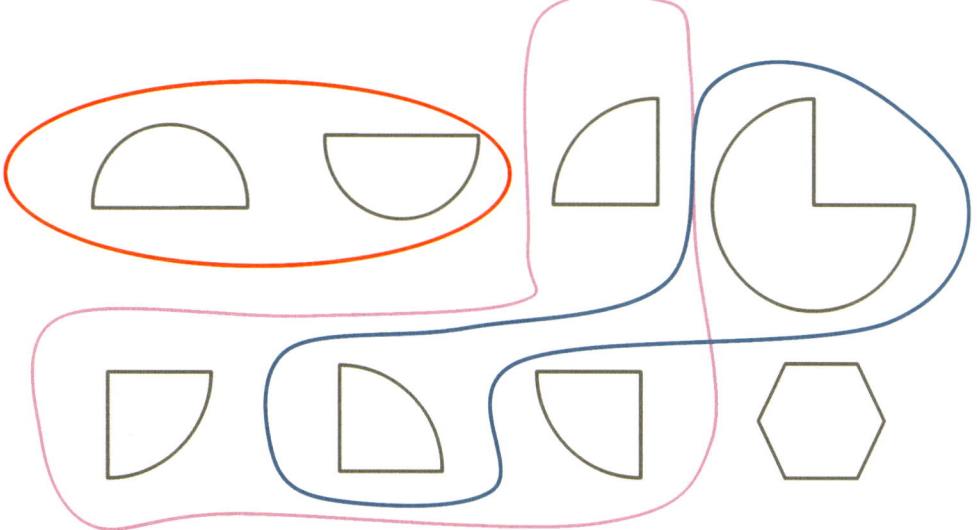

6. 第 1 块

四、STEAM 天地

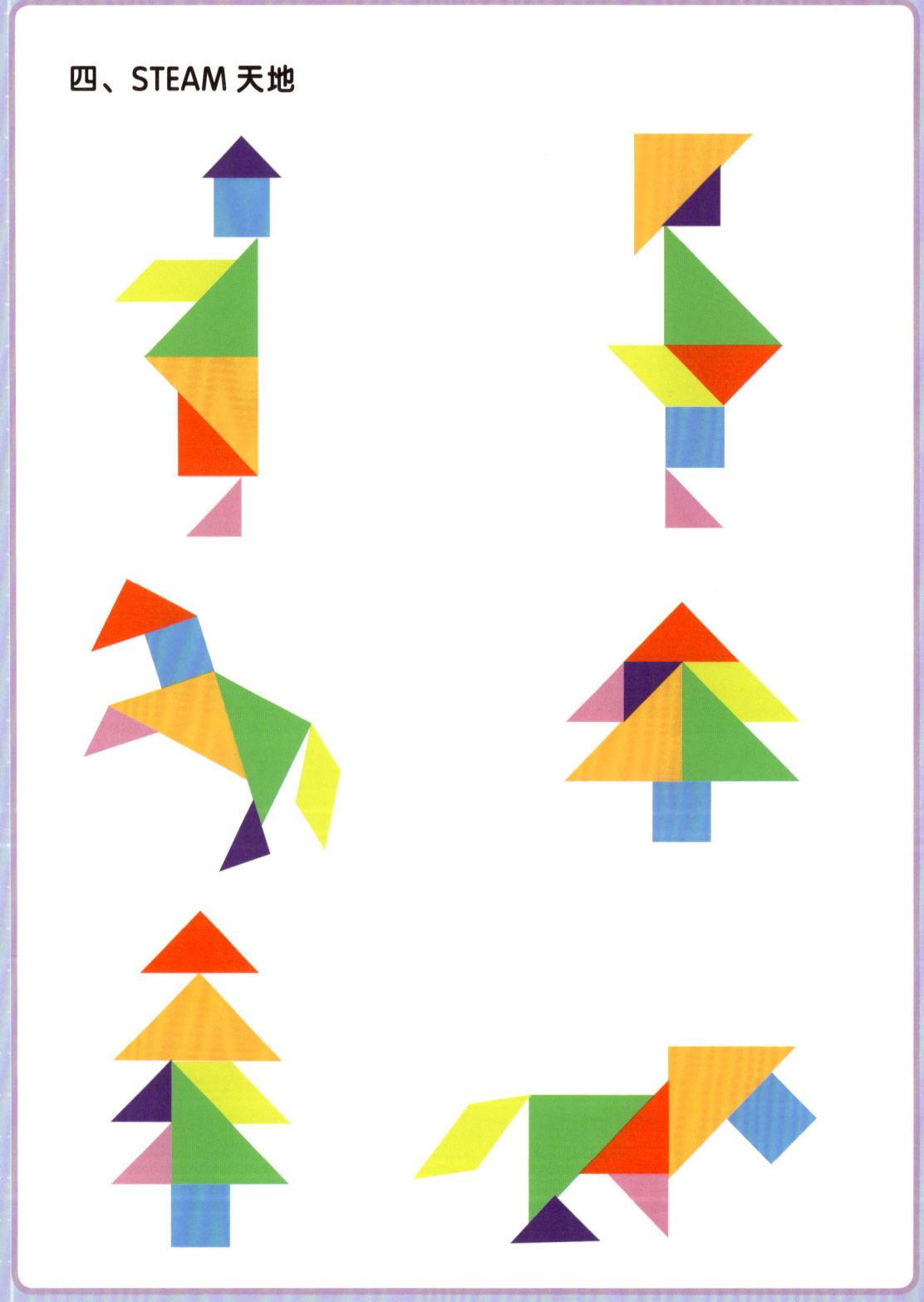

答案

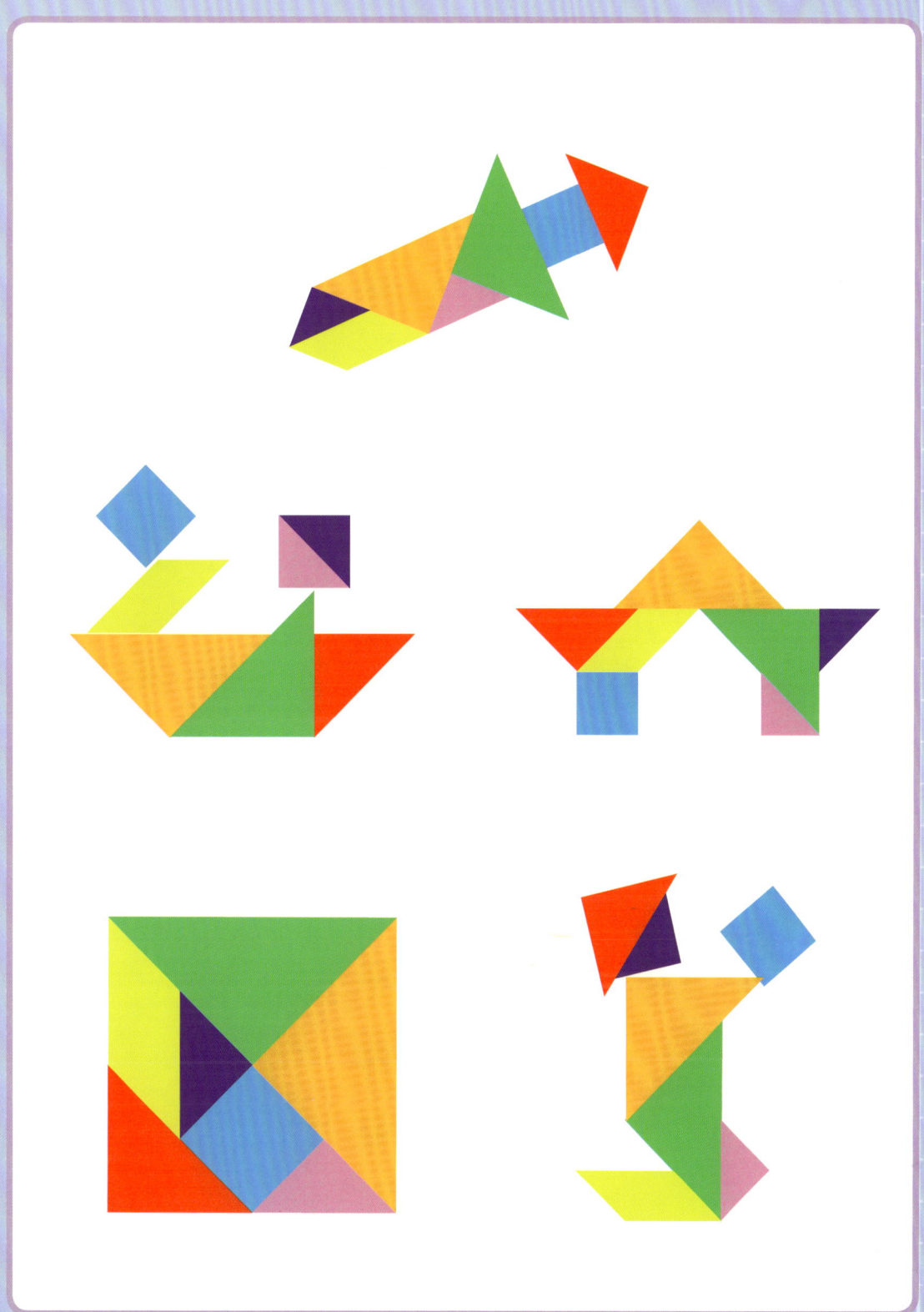

135

第 5 章 空间思维

三、思维能力培养

• 认识面和边

立方体有 6 个面

立方体有 12 条边

• 认识对面

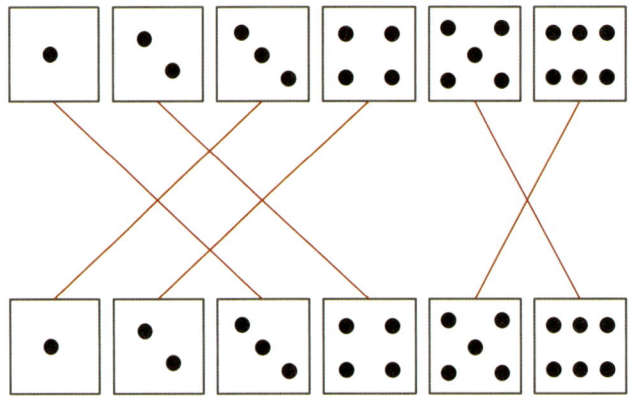

四、STEAM 天地

1.
（1）8 次
（2）D。因为共有 8 块石块，而 D 方案需要 9 块石块。
（3）2

2.

(1)

(2)

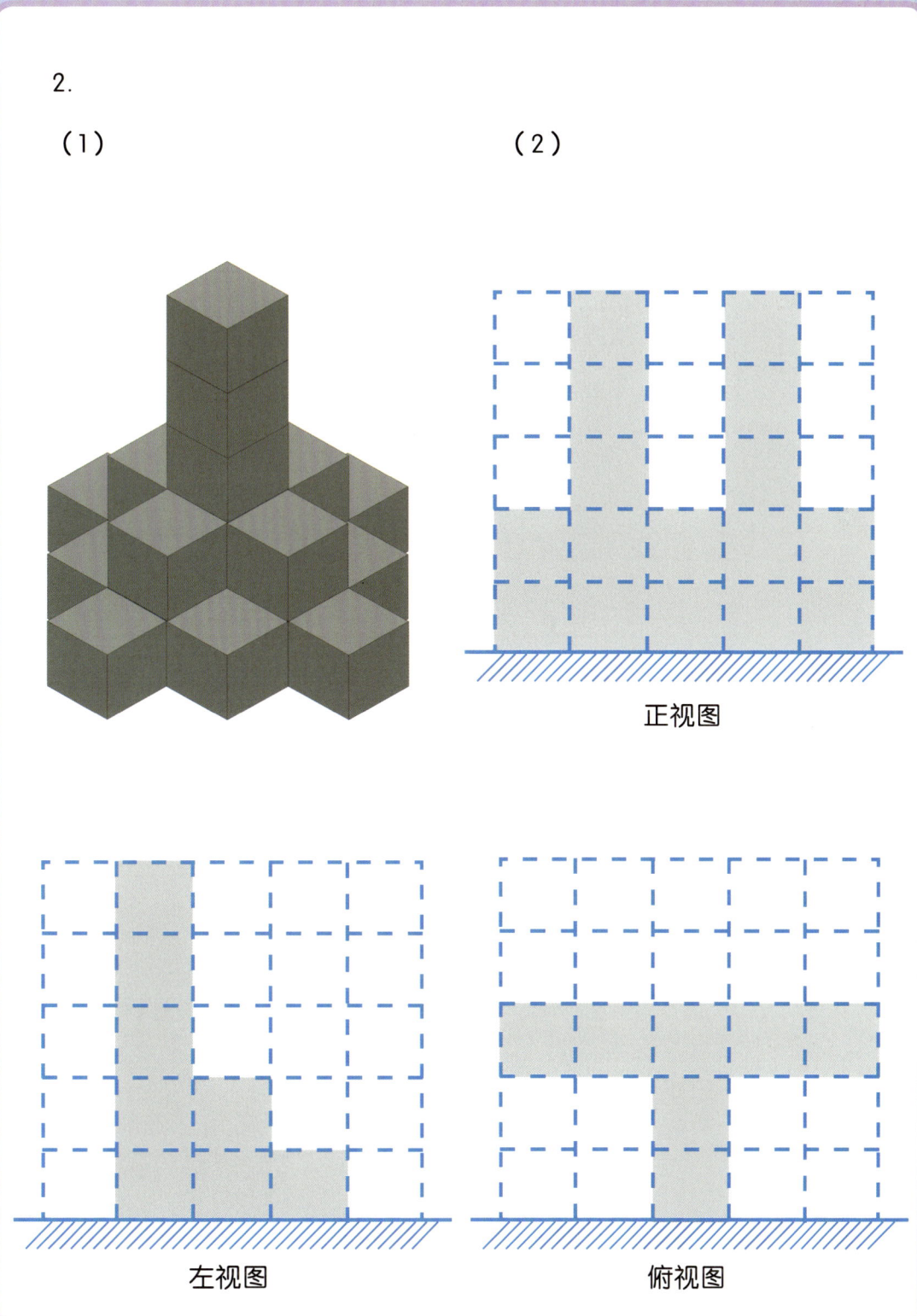

正视图

左视图

俯视图

参考资料

本书在创作过程中参考了以下机构的论文和资料,作者在此一并表示感谢。

MathMaverick 网站;

twinkl 网站;

Khan Academy 网站。